レンジローバーの大地

山川健一・文　小川義文・写真

二玄社

レンジローバーの大地

装幀・本文デザイン　笹川寿一＋佐藤悦美（Kotobuki Design）

ROVER

レンジローバーの大地　もくじ

RANGE

はじめに／冒険への期待

SUV、クロスカントリー、あるいは四駆と呼ばれるクルマは今、世界的なブームである。自然への回帰願望や、戦争やテロリズムの危機にさらされたこの世界で実質的な安全を確保しなければならないという必要性、あるいは都会をゆったり走りたいという時代の気分がこのブームを支えているのだと思う。

そう言えば、中東での戦争を報道するCNNの画面には、ジャーナリストがステアリングを握る何台ものレンジローバーが映し出されていた。戦車の間を走るレンジローバーには、それこそ戦車なみの動力性能が備わっているのである。

だがレンジローバーは、限りなく優雅なクルマでもある。

かつて四駆と言えば、無骨でタフな荒くれ者といったイメージがあった。だが、一九七〇年に登場したレンジローバーがそんなイメージを払拭したのだ。

レンジローバーには、それまでランドローバー社が蓄積してきたオフロードのノウハウが注ぎ込まれ、オフロードで強力な性能を発揮しながらもオンロードでは優れた高速性能と高級サルーンに引けを取らない乗り心地を実現したのである。

こうしてレンジローバーは、まったく新しい自動車の概念を記述することに成功した。レンジローバーこそはクルマというものの新しい時代のイメージリーダーなのであり、今やBMWのX5、メルセデスのMクラス、そしてポルシェのカイエンなどが参加したプレスティッジSUVの華やかなシーンを切り拓いたのである。

ぼくらは冒険を夢見る。たとえば、砂漠を越えて行ったアルチュール・ランボーのように。なぜランボーは、「俺は黄金の紙に詩を書いた」と豪語しながらも詩作を捨て去り、アデンに向かったのだろうか。彼の心の奥に棲む何者かが、旅立ちへの欲望に身を焦がしていたからだろう。

ランボーだけではない。

ラリーに参加したり、登山に挑んだり、スポーツに熱中したりする多くの人間の心のなかには、「出発したい」というシンプルな欲望が巣くっているのだ。

都市に棲息している時にも、旅先でも、人は心のどこかで冒険を求めている。

だが多くの普通の人間には簡単に冒険の旅へ出ることは許されていないから、せめて何かを発見したいと願う。秘めた冒険心があれば、街の片隅にいる時でさえ、何かを発見することができるだろう。カフェで読書することだって、街をドライヴすることだって小さな発見の連続なのだ。

そして小さな発見の積み重ねは、日常生活を研ぎ澄ますだろう。発見の繰り返しが、ぼくら自身を変容させていく。

ぼくがレンジローバーを愛しいと感じるのは、そんな発見とささやかな冒険への期待を胸の内に抱く時だ。レンジローバーはその時、ぼくらの鋼鉄の肉体なのだ。

思うにレンジローバーというクルマは、ごく普通の人間が操作することのできるもっともパワフルで巨大な道具なのではないだろうか。道具を使うことで、人類は進化してきた。シャベルで土を掘り、ハンマーで石を割り、斧で樹木を切り倒すことによって住居を作った。テコを使用して、重い物体を動かした。

道具なしには、ぼくらはこの地上でもっとも弱い生命体なのかもしれない。

きっと、そのせいなのだろう。抽象的な空間である文明のなかで暮らしている時にも、シンプルな道具を必要以上に愛してしまったりするのは。職人さん達が使い込んだ道具には、魂がこもっているように感じられる。

レンジローバーは豪華だが、道具としての魂を持っているような気がする。そこが、いい。

この素晴らしい道具を使って、あなたならどこへ向かうだろうか？

ミック・ジャガーは〝GODDESS IN THE DOORWAY〟に収録された〝Joy〟という曲のなかで、「俺は四輪駆動を運転しながら、仏陀を探しにいくんだ」と歌った。それも、いい。レンジローバーのステアリングを握るなら、この小さな自分という存在を超えたものを探しに行きたいものだ。

さて、本書では、ランドローバーのフラッグシップであるレンジローバーだけではなく、ディスカバリーやフリーランダー、ディフェンダーも取り上げるつもりだ。

イギリスで生産され続けてきたランドローバーの兄弟達。誰もが言うことだが、イギリスの人達は伝統と革新をミックスさせるのが上手だ。レンジローバーをはじめ、ランドローバーのラインナップも、まさに旧きよき過去と未来を見事にひとつのコンセプトに仕上げている。そんなランドローバーの精神的な世界を味わっていただければ、と願っている。

1 章

心に砂漠を抱えた人達のための
プレミアム4×4

レンジローバー/オンロード篇

BUS

Controlled
ZONE
Mon - Sat
8.30 am - 6.30 pm
HARRODS
Canarias
RANGE ROVER
BV51 FFO

BV51 FFO

RANGE ROVER
BV51 FFO

BV51 FFO

ROVER
LAND ROVER

RANGE

RANGE ROVER
BV51 FFO

LAND ROVER
AIRBAG
MPH km/h
r/min x 1000
0/1
R/T

INFO
1 4
2 5
3 6
FM AM
MODE
TONE SELECT
MENU
AUTO
PROG
MAX
DSC

MARKS &
SPENCER
thinktank
25% off space travel!
Chiltern Railways

RadioTaxis

12 45
ABN·AMRO
€1.634
250
250

BV51 FFO
BUS

RANGE ROVER
BV51 FFO

24 CHAMBERLAIN'S 24
23 CHAMBERLAIN'S 23
RANGE ROVER
BV51 FFO

Allsop
UNDER
OFFER
020 7588 44
Passport
Pictures

RANGE ROVER
BV51 FFO

二〇〇二年三月中旬、ぼくはロンドンのホテルで十日ほどの時間を過ごした。八年ぶりに三度目のモデルチェンジを受けたレンジローバーに試乗するためだ。この新型は、今年一月のデトロイトショーでお目見えした。

初めて広報車を見た時の印象を、今でも覚えている。二十四時間出し入れが可能な、ホテルの近くのガレージに、そいつは止められていた。ほとんど廃屋みたいな、工場か倉庫の跡地みたいなガレージである。深夜ホテルに着き、部屋に入る前にクルマを見に行った。ドイツ訛りの強いおばさんが受付をやっていた。

薄暗い蛍光灯の光に照らされた淡いグリーンのレンジローバーが、こちらを見ている。草むらに身を潜めて仮眠をとる肉食獣のように、そいつは静かに呼吸している。

彼は精悍な顔つきをしている。精悍というか、獰猛な感じさえする。ヘッドライト回りの個性的なデザインが、そんな印象を与えているのだろう。

狙った獲物は決して逃さないハンター。しかも、耐久性は抜群。獰猛でしなやかで、チータなみに足は速く、山羊のように石ころだらけの山道でも登って行く。駱駝のように砂漠へも分け入り、狼のように凍えた厳寒の大地でもへこたれることはない。

だが彼は今、血に濡れた牙を上手に隠し、ロンドンの片隅の荒涼としたガレージのなかで優雅に佇んでいる。

フロントで受け取ったキーでロックを解除し、ドライバーズシートに腰かけてみる。微かに革の匂いが感じられる室内は、これまでのレンジローバーとはまるで違う。明るいウッドが多用され、豪華な雰囲気だ。サファリに出てシャンパン付きのランチをとるような豪華さが、その室内には感じられる。いつ獣に襲われるかわからないので、傍らに猟銃を準備しておくようなサファリのランチ。そういう感じである。

イグニッション・キーを回し、エンジンをかけてみる。

その瞬間、音が変わったことに気がついた。ビュイック用ユニットを流用することからスタートしたV8エンジンは、この新型からBMW製になったのだ。かつての重厚なサウンドに較べると、ずいぶん乾いた音になった。しかも静粛だ。かるくスロットルペダルを踏み込むと、エンジン音は乾いたまま吹け上がる。ステアリングを握り、さらに二、三度空ぶかしする。

がらんとしたガレージに、エコーが響き渡る。

ヘッドライトを点灯する。冷たい光が、前方を照らし出す。そっと、ステアリングをさすってみる。きっとこいつは、タキシードに身を包んでカクテルパーティに出席するような優雅さと、アフリカの大地へ出かけハンティングに興ずるような二面性を抱え持っているのだろう。

それこそが、イギリスの上流階級そのものなのだ。

いずれにしても、一筋縄ではいかないヌエのように複雑な存在。

レンジローバーとは、そのようなクルマなのだと思う。

明日からよろしくなと声をかけ、エンジンをオフにした。

ホテルはメトロポールにあるロンドン・メトロポールで、ヒルトンの系列だ。メトロポールなんて地名はたいがいの人は知らないだろうが、ロンドンのマップを広げると左上にぎりぎり入るかどうか、といったあたりに位置する。

地下鉄の駅で言うと、エッジウェア・ロードの近くだ。ぼくは行かなかったが、シャーロック・ホームズ博物館がすぐ近くにあるらしい。

朝起きて1Fに下りるエレベーターで会った人に、英語圏なのでこちらも微笑みを浮かべながら挨拶する。

相手が、

「日本から来たのか?」と聞いてきた。

「ええ、東京から」

すると、言われた。

「シャーロック・ホームズ博物館には行ったか? まだなら、是非とも行ったほうがいいよ」

ロンドン・メトロポールは、要するにシャーロック・ホームズ博物館以外には見るべきものが何もないような、ちょっと外れた場所に建っている。

おっと、大切なものを忘れていた。

なんとか歩いていけるぐらいの距離に、おそらく世界でいちばん有名な音楽スタジオ、EMIスタジオがある。ビートルズが『アビー・ロード』をレコーディングし、このスタジオの前の横断歩道でジャケット写真の撮影が行われた。同じこのスタジオで、ピンク・フロイドは『あなたがここにいてほしい』をレコーディングしている。

だが前に旧型のレンジローバーで行ったことがあるので、今回はパスだ。

ホテルの近所にはアラブ人街があるのか、アラブ料理の店が軒を連ねていた。

部屋は二十三階だったから、窓の向こうにはハイドパークとテムズ河が見えた。ピンク・フロイドが『アニマルズ』のカバージャケットで使用したバッターシー発電所の煉瓦の壁と白い煙突も見える。ビッグベンや、新しく出来た巨大な観覧車も見えた。

壊れかけた発電所と巨大な観覧車が混在するのが、今のロンドンだ。

一週間、ロンドンタウンをレンジローバーで好き勝手に走り回ることができる。それは、得難い体験だ。新しいレンジローバーに、ロンドン以上に似合う街などありっこないのだから。多くのロック・ミュージシャンがロンドンで有名になったのと同じことで、レンジローバーもまたこの街に育てられることにより、世界最高峰のプレミアム４×４としての地位を確立した。


朝になってからガレージで新しいレンジローバーを見た時の印象は、真夜中とはちょっと違った。レンジローバーの伝統であるクラムシェル状ボンネットからフロントウィンドウへ連なり、ルーフへ続く優雅な曲線は、可愛らしい草食動物のようである。

獰猛な野生と愛らしさ。そいつが、新しいレンジローバーには同居しているのだろう。

前のモデルに較べるとサイズが大きくなった。ホイールベースが１３５ミリ、全長だと２３７ミリ長くなったのだ。

全高も45ミリ高くなっている。

東京で乗ることを考えると、クルマのサイズはやはり気になる。

レンジローバーを数字で表現すると、外寸は確かに拡大されてはいるが、実はそれはごく僅かでしかない。数字以上に「大きいなあ」と感じるのは、きっとデザインのせいだろう。ミラーを含めるならば、全幅はむしろ狭くなっているのだから。

エンジンをかけ、スタートする。サイズが気になったのは、最初の十分間だけだった。2・5トンに及ぶ重さも感じない。

決して道幅が広いとは言えないロンドンでレンジローバーを乗り回すのは、想像していたより遙かに楽だ。ボブ・ディランに「見張り塔よりずっと」という曲があるが、まさにそんな感じだ。視線の位置が高いので、見張り塔から街を眺めている気分である。渋滞しても先の状況がわかるから、苛々することもない。

最近は混んでいて、パリほどひどくはないにせよ運転マナーもいいとはいえないロンドンの街でこれだけ楽なのだから、大きくなったレンジローバーは東京でもイージーに運転することができるだろう。

Uターンもスムーズだ。恥をさらすが、一度道を間違え一方通行でUターンしてしまった。後続のと言うべきか、対向車のと言うべきか、とにかくタクシーの運転手の人に教えられて気がついた。慌ててクルマを左に寄せ、パトカーが来ないことを祈りつつクルマの流れが途切れるのを待って再び素早くUターンした。

その時、数字はよく知らないが、この新しいレンジローバーの回転半径の数値が十分に小さなものであることをぼくは神に感謝した。あれが一昔前のアルファロメオ164なんかだと、絶望的である。こういう時には、東京で１６４を運転していて何度も酷い目にあったことをぼくは思い出すのだ。ま、１６４と言うか、アルファロメオが特別なクルマなのかもしれないが。

ついでに言えばレンジローバーは見切りもよく、バックする時にはウォーニングも付いている。それに、ＤＶＤのカーナビも付いている。だが、ぼくの今回の旅の個人的な最大の目的は、今度こそロンドンの基本的な地理を覚えるということだったのだ。だから、だいたいわかったなと思えるまではマップを見ることにして、カーナビは使用しなかった。

ちなみに二番目の目的はランナバウトに慣れることだ。

ランナバウトというのはヨーロッパにはごく普通に存在する、信号機のない円形の交差点のことだ。今まで運転していて最悪だったのはパリのエトワール広場で、パリジャンはエゴイスティックだし交通量はもの凄く、皆けっこうなスピードで走っているので「こりゃ半日はここをグルグル走っていなけりゃならないかもな」と本気で思ったものだった。

頭に地理を叩き込み、ランナバウトを自由自在に使えるようになれば、ロンドン・ドライヴィングは完璧である。

だがさすがに後半はカーナビを使うことにし、すると美しい女の人……かどうかはわからないが、少なくとも声はきれいな女性が的確にコースを指示してくれて、まったくのイージー・ゴーイングである。かつてランボーが勤務していたという博物館へ行くのにも、買い物へ行くにも、レストランに乗りつけるにも、目的地を入力するだけでＯＫなのだ。

今回はせっかくロンドンのマップが頭に入ったのに、なんだか無駄なことをしたような気がしないでもない。

話が逸れるが、世の中には地図を見るのを面倒臭がる人と、地図を見ているだけで楽しめる人の二種類がいるみたいである。ぼくは完全に後者で、飛行機に乗っている時にも時々機内誌を見て、自分が今だいたいどの辺りを飛んでいるのか確かめずにはいられない。

旅から帰ってしばらくしてから、あるいは何年も前の旅に使ったマップを見るのは楽しいものだ。十年以上も前にフランス旅行で使ったミシュランのあの分厚い赤い表紙のガイドブックも、未だに捨てられずにとってあるくらいである。

ボールペンで記入された印を見ているうちに、思いがけないことが蘇っていたりする。カーナビはデジタルだから、ボールペンで記入したマークがのこるなんてこともない。なんだか思い出さえもがきれいさっぱり消えてしまうような気がする。

とにかく、道順の選択から英会話の覚え方、歴史や美術の勉強から小説の書き方まで、ぼくは可能な限り自力でやらないと気が済まないほうなのだ。クルマというものについても、オリジナルな哲学を独力で身につけたい。

健康の問題もそうで、大人になってからはほとんど病院には行っていない。カーナビや学校の先生や専門家や文学上の師匠や医者や、そういうものに頼らずに生きていきたい。

だがこの年齢になって思うことは、それは自分で勝手に自力でやっていると思い込んでいるだけで、実は多くの人達の力を借りているからこそ今の自分があるのだろう。

カーナビも時代の趨勢で、大河の流れに逆らうことは不可能だ。

ところでレンジローバーは、ご存知のように一九七〇年に当時ローバーのエンジニアだったスペン・キングのアイディアが実現したものだ。そのアイディアとは、オンロードでもジャガーなみの性能を発揮するオフローダー、というものであった。だが実際には、レンジローバーはオンロードでも使えるシンプルな四駆としてスタートを切ったのだ。レンジローバーに豪華さを求めたのは、むしろロンドンでそれを乗り回したユーザー達のほうだった。

だが遂にこのモノコックを採用した新しいレンジローバーは、ジャガーXJあるいはデイムラーに比肩し得る乗り心地を獲得したのだとぼくは思う。これでオフの王者でもあると言うのだから、こたえられない。第三世代のレンジローバーは、完成の域に一歩を踏み出したと言うべきだ。

そう、そう。ロンドンを運転する際に、ひとつだけ注意しなければならないことがある。それはダブルデッカーと呼ばれるあの二階建ての赤いバスなのだ。パブリックの国であるイギリスではバスの優先権がはっきりしており、一般のクルマは決してバスの進路を妨害してはならない。それはいいのだが、このダブルデッカーの運転が日本のバスとはえらい違いで、時には猛烈な勢いで突っ込んでくる。

しかも、何台かに一台の割合でバスにはビデオカメラが設置されていて、証拠ビデオを撮影されてしまう。違反するとポリスに呼び出しを喰うことになる。

だからぼくはロンドンを運転している間中、「見張り塔よりずっと」的なレンジローバーのシートに腰かけ、後ろから真っ赤なバスが突っ込んでこないかどうか、注意し続けていたのだった。

もうひとつ旅行ガイドめいたことを書くが、煙草を吸う人は旅の間に必要な分を持って行くべきだ。イギリスでは、煙草が一箱４・７ポンドなのだ。千円ぐらいである。たまに自動販売機で安い値段の煙草があり、こいつを買うと二十本入りなのに半分しか入っていない。レストランでもパブでもホテルのロビーでも向こうの人は平気で煙草を吸っているが、とにかくその高さには呆然とさせられる。

毎朝朝食をすませてから、その日の予定を考える。

どこへ出かけるのにも、まずエッジウェア・ロードを走り、マーブル・アーチのランナバウトを回り、右に広々としたハイドパークを眺めながら、ハイドパーク・コーナーまで行く。

このランナバウトを右に回ればナイツブリッジで、有名なハロッズもすぐ近くだ。ブティックやインテリアショップもこの周辺に集中している。プラダ、キャサリン・ハムレット、ジョルジオ・アルマーニ、コーチ・ストア、マーガレット・ハウエル、マリー・クワント、コンラン・ショップなどなど。ガールフレンドに馬鹿高いお土産を買うことができる。

ナイツブリッジを南へ下ると、スローン・スクエア駅にぶつかる。名前の通り広場があり、ここを右折すると有名なキングス・ロードである。チェルシーだ。

もうずいぶん前のことになるが、初めてロンドンに遊びに行った時、ぼくはまずチェルシーへ行ったものだった。

ストーンズの歌詞や雑誌にチェルシーという地名が出てきて、憧れていたからだ。

ストーンズ・ナンバーの主人公のように、チェルシーでチェリー・レッドのソーダを飲む。

それが最初のロンドンにおける最大の目的だった。だが、そんなソーダはチェルシーのどこを探してもありはしないのだった。

一九六〇年代から七〇年代にかけてロックとヒッピー・カルチャーの聖地だったチェルシーは、その後はパンクも生み出した。ここにはヴィヴィアン・ウェストウッドが開いたワールドエンドというブティックがあり、彼女の恋人だったマルコム・マクラーレンが考え出した奇抜なアイディアにのってデビューしたのがセックス・ピストルズであった。

セックス・ピストルズは一九七六年の九月に、ロンドンの１００クラブで行われたパンク・ロック・フェスティヴァルでメイン・アクトをつとめて一躍脚光を浴び、この年の十一月にシングル「アナーキー・イン・ザ・ＵＫ」でレコード・デビューしたのである。

現代のチェルシーはずいぶん小綺麗になり、東京で言うなら青山か原宿みたいである。だが、どこからともなくマリワナの匂いがしてきたり、右ハンドルのフェラーリを乗り回す不良がいたり、新旧さまざまなレンジローバーが流していたりする。イギリスでは右ハンドルが義務づけられており、フェラーリであろうがポルシェであろうが右ハンドルなのだ。

着飾った女の子達は派手だし、賑やかさは変わってはいない。

街を歩く人々が、ぼくがステアリングを握る新しいレンジローバーに視線を向ける。渋滞にハマっていると近寄ってきて、記念写真を撮ったりしている。

ロンドンでは既にレンジローバーの新型車は発売されており、だがまだ台数が少ないから珍しいのだろう。視線を浴びるのは、やはり嬉しい。

ぼくは見栄っ張りなのでこういうことには敏感で、新型の発売前だと広報車だということはバレバレである。発売直後なら、最初のロットを回してもらったセレブリティに見えるかもしれないではないか。今回はまさに、ライト・オン・タイムだ。サングラスをかけたこのいかがわしい東洋人の男は、一体どんな悪さをして稼いだんだろう、と思われているのかもしれないが。

ヒップホップやラップで成功した黒人ミュージシャンは、どういうわけか皆アストンマーチンに乗る。ロックで大金持ちになるとフェラーリとレンジローバー。ミック・ジャガーもフェラーリとレンジローバーを持っていて、エリック・クラプトンやロッド・スチュワートもレンジローバーに乗っている。

チェルシーは、そういう意味ではまだロックの街だ。

成功したロック・ミュージシャン達がロンドンでメルセデスやＢＭＷのサルーンではなくレンジローバーに乗るのは、とてもよくわかる。ロックという音楽は、案外ネイチャーというものと愛し合っているのだと思う。

そしてレンジローバーというクルマは、ロックライクなクルマなのである。

キングス・ロードを走り抜けチェルシーを通り過ぎたら、適当なところで左折する。

テムズ河を渡りバッターシー・パーク・ロードを左折する。

やがて、いかにもプログレッシヴ・ロック的なバッターシー発電所の真っ白な煙突が見えてくるだろう。

この辺りはもう空いているので、けっこう飛ばせる。

新型レンジローバーの加速は、今までとは違うフィールをステアリングを握る者に与えてくれる。大きなひとつの要因は、やはりボディがフルモノコックになったことだろう。これまでのレンジローバーはヨットで航海するような心地よさがあったが、フルモノコックによって残念ながらこうした味わいは失われた。だがこれは、不必要なロールがなくなったととらえることもできる。ボディの剛性感は圧倒的に増した。高速道路でも……何キロ出したかは書かないが、直進安定性は素晴らしい。

現在のレンジローバーのライバルは他のSUVではなくメルセデスやBMWの高級サルーンなのだろうが、この走りのテイストを知るとそれも頷ける。

いや、レンジローバーに今のところライバルは存在しない。レンジローバーのカテゴリーに所属するクルマが、今のところ他に一台も存在しないからである。しかもそれは時間によって磨き込まれたポジションなのであり、各社が高性能なSUVを市場に投入してきたとしても、それは新しいカテゴリーの優れたクルマであるに過ぎない。

走りの味わいが変わったことの要因として、エンジンのことも大きいだろう。これまでのローバーのV8に換えて、前述したようにBMW製V8が採用されているのである。

こいつはX5とも共通の4・4リッターV型8気筒DOHCだ。強力なパワーで2・5トンのボディを引っ張る。新型レンジローバーの90％近くがBMW時代に開発されたものだから、エンジンもBMW製なのだ。従来のV8より排気量は150cc小さくなったのに、出力(286ps)、トルク（44・9kgm）とも一割程度増えている。ギアボックスもBMWが使っているステップトロニック機構つきの電子制御5段オートマチックだ。

もちろん、ハイとローのディアルレンジのトランスファーボックスを備えているのはレンジローバーならではであり、もうひとつ注目しなければならないのは、こいつを走行中に切り替えられるということだ。

スロットルペダルを踏み込むと、新しいレンジローバーはスムーズに加速していく。V形気筒エンジンは軽快に吹け上がる。これだけで、BMWのエンジンを搭載しているのだなあ、ということが実感としてわかる。

だいたい、エンジン音が静粛である。

サスペンションは、前がマクファーソン・ストラット、後ろがダブルウィッシュボーンの四輪独立懸架だ。

こいつに、電子制御のエアスプリングが組み合わせられる。

旧モデルと比較すると、ホイールストロークが前で50ミリ、後ろで100ミリ伸ばされている。

そして凄いと思うのが、EASだ。簡単に言うと……って詳しいことはわからないので簡単にしか言えないが、これはコンピュータ制御による相互関連エアサスペションなのである。

オンロードでは硬く、オフロードではやわらかくセッティングするために、いくつもセンサーをつかって路面の状況を検知しながらリアルタイムにダンピングレートを自動的に変更するわけだ。

高速走行中にはラグジュアリーなサルーンのテイストを、そしてオフロードでは繊細に柔らかく大地をグリップする。

さらに付け加えるならば、ＢＭＷのダイナミック・シャシー・コントロールシステムであるＤＳＣ（ダイナミックスタビリティコントロール）と、難しい坂道でのスピードコントロールＨＤＣ（ヒルディセント・コントロール）も標準で備わっている。ＨＤＣはディスカバリーから導入されたものだ。このＨＤＣは下り坂だけではなく、急な上り坂を上りきれないでバックする際にも有効だ。これはオフロードのセクションで実際に使ってみると、非常にありがたい。

新型レンジローバーは、モノコックボディと独立懸架サスペンション、それからＢＭＷ製Ｖ８エンジンの採用によってオンロード性能が格段に向上し、さらにオフロードでも使いやすくなっている。

エンジンがスロットルペダルの微妙な動きにヴィヴィッドに反応して回転するそのフィールは、いかにもＢＭＷ的である。ステアリングは柔らかすぎず、路面の荒れをかなり正確に伝えてくる。これがニュー・レンジローバーにスポーティな印象を与えている。

昼間のロンドンでいちばんゆったり運転できるのは、ハイドパークだ。

ウォータールー駅まで走る。ウォータールーというのは耳慣れない響きだが、ワーテルローの戦いの「ワーテルロー」のことだ。

左には新しい巨大な観覧車や、観覧車に立ったまま乗っている人達の小さな影が見える。そういうのが、ウェストミンスター大聖堂などの歴史的な遺産とうまくマッチしているのが不思議だ。

テムズ河を左に見ながらこのまま真っ直ぐ走れば、ミレニアム・ドームや上流近くのドックランドなどの新開発地域である。日本で言うなら、幕張メッセみたいな場所だ。

ハイドパークを目指すためには左折し、ウォータールー橋を渡る。

この橋でぼくが思い出すのは、やはりザ・キンクスである。

ザ・キンクスのレイ・デイヴィスは子供の頃、聖トーマス病院に入院していたことがあるのだそうだ。看護婦がレイを車椅子に乗せて、テムズ河を見せてくれた。レイは、沈みゆく太陽の美しさに感動する。ザ・キンクスの代表作「ウォータールー・サンセット」は、この時の体験が実を結んだものなのだろう。テリーとジュリーは金曜日の夜ごとにウォータールー駅で会う……という、美しいナンバーだ。

ウォータールーの夕陽があれば他には何もいらない、とレイは歌っている。

橋の上でレンジローバーを止め、河を眺めながら煙草を吸う。大切な広報車をヤニ臭くしてしまってはいけないので。

再スタートし、しばらく走るとソーホーにぶつかる。このソーホーで、これまでに何度夕食を食べたことだろうか。安いからだ。今回も二度、チャイニーズを食べた。

ソーホーにはまた夜来ることにして、左折。

真っ直ぐに走ると、ハイドパークである。

パーキングにクルマを入れ、撮影の間にまた煙草を吸いながらレンジローバーを眺める。モデルチェンジしたとは言え、やはり誰がどこから見てもレンジローバーの形をしている。

これまでのイメージを意識的に残しながら新しさにチャレンジする。それがイギリス流なのだろうと思う。

具体的に言うなら、サイドにパーティションラインをもつエンジンフード、ブラックで統一されたピラー類、二分割され上下に開閉するテールゲートなど、すべてがこれまでと変わりない。ところが新しい。

こういうのを、クール・ブリタニアとか新ブリティッシュネスと言うのだろうか？

ニューモデルのスタイリングを決めるにあたっては、当時ランドローバーの親会社だったＢＭＷの意向が色濃く反映されているのかもしれない。ミュンヘンとカリフォルニアにあるＢＭＷのふたつのデザインスタジオを押しのけランドローバーのデザイン案が採用になったものの、最終案をまとめるまでにＢＭＷのデザイン部長であるクリス・バングルの手が入ったらしい。

そんなわけで、ＢＭＷはレンジローバーのモデルチェンジ前にランドローバーをフォードに売却したのだが、新型レンジローバーにはＢＭＷの遺伝子も受け継ぐことになったというわけだ。

インテリアを一言で表現するならば、イギリスふうにストイックだった従来のインテリアがアメリカナイズされ、華やかに不良っぽくなった。外洋ヨットやファーストクラスの飛行機のシート、あるいは高級家庭用オーディオなどをイメージした、ということだ。

ドライバーとパセンジャーとの間には、これまでと同じように大きなコンソールが据え付けられている。これは従来通りだ。ところが、写真を見ていただければ一目瞭然だが、ダッシュボードやカーナビ、各種のスイッチを装備した木製の柱がドライバーとパセンジャーとの間に聳えている、というようなイメージだ。ウッドは他の場所にも使用され、これが人によっては「ヨットみたいだ」とか「金持ちの家の応接間みたいだ」という感想になってあらわれるわけだ。

ちなみに、ダッシュボードには三つの素材、シートには三つの表皮が用意されている。色はそれぞれ六種類である。トリムはチェリーウッド、ウォールナット、そしてブラック系メタル仕上げの三種類があり、さらにボディカラーは12色が用意されている。これは「メイド・フォー・ミー」というコンセプトで、すべてのインテリアトリム、シート生地、シートカラーとカーペット、ボディカラーを合わせると、実に四四五通りのバリエーションになるとのことだ。

試乗車は、明るいチェリーウッドと、グリーン系のパイピングが入ったアイボリーシートだった。ボディカラーはジバニー・グリーンと呼ばれる、グリーンがかった薄いシルバーである。

ハイドパークにレンジローバーを止め、撮影する。

煙草をふかしながら、ぼくはそれをまたぼんやり眺めている。そして、考える。レンジローバーとは、一体どのようなクルマなのだろうか？

撮影の間は独特な時間が流れていて、クルマの意外なフォルムを発見することが多い。見る角度によって、レンジローバーはさまざまな表情を見せてくれる。工業製品なのに、不思議である。

新しいレンジローバーは、たとえばベントレーが四駆を作ったらどうなるか、というようなコンセプトを具現化したクルマである。事実、レンジローバーは長らく四駆のベントレーだと評されてきたのだ。

コストのことなど考えずに、贅の限りを尽くすことによって、レンジローバーの世界は成立している。それを、中東の金持ちやアメリカ東海岸における成功者が購入する。

階級社会のイギリスでは、労働者階級の人々が乗れるようなクルマではない。やはり、貴族階級の人々が乗るのだろう。

貴族でなくても、イギリスでは生活に余裕がある人の多くはロンドンの住居とは別に郊外に別荘を持っている。別荘とは言え、むしろそちらのほうが生活の中心なのだろう。郊外は緑に溢れてはいるが、完全な自然というわけではなく人の手によって再構成され、管理された自然である。そんな自然のなかで釣りを楽しみ、ゴルフやテニスをやり、あるいは乗馬やハンティングを楽しむ。薔薇の栽培に生き甲斐を感じる人も多いだろう。

仕事でたまにはロンドンへ出る必要があったとしても、生活の中心は郊外のほうにある。そういう人達が乗るのがレンジローバーというクルマだ。

日本では年収三千万円以上の、しかもその収入の大半を自分で自由に使うことができる人生の成功者が買うクルマなのだと思う。

ポルシェ911のようなスポーツカーは、金に余裕のない若い人が背伸びして買っても意味があるが、レンジローバーは余裕がないのに無理して購入するようなクルマではない。

端的に言ってしまえば、制度という名のピラミッドの頂点に所属するごく一握りの人達のクルマ。それが、レンジローバーである。それは、ベントレーや、ジャガーで言うならデイムラーに相当するニッチを形勢している。メルセデスのSクラスやBMWの7シリーズに相当するか、おそらくそれ以上のステータスを持ったクルマなのである。実際ランドローバー社の幹部は、「ライバルは他社のSUVではなく、奥様の毛皮かヨットか別荘だ」と言っている。

そういう世界に、ぼくは正直に言えば興味はない。サラリーマンの息子であるぼくは金持ちでもないし、貴族でもない。人生に成功しようと思って文学に身を投じたわけでもない。

あるいはもっと突き放して考えるならば、イギリスという国家そのものが、世界というピラミッドの頂点に位置する数少ない国のひとつなのである。

二〇〇一年九月のニューヨークにおける同時多発テロや、その後のアフガニスタンへの空爆、パレスチナ紛争などが、イギリスやアメリカ合衆国といった国家の保守性や残虐性と、後進国へのアドバンテージを浮き彫りにした。

そんな戦争の現場へ、国家の首脳達やテレビ局や新聞社の取材班はレンジローバーで乗り付けた。世界というものはかくも不公平で、民主主義とは絵に描かれた餅なのだと思う。有色人種の国家である日本など、所詮は西側白人諸国のサーバントに過ぎないのだ。新しいレンジローバーを扱う多くの日本の自動車雑誌の歯切れが悪いのは、執筆者達がこうした背景を十分以上に意識しているからだろう。

レンジローバーがそんな特権階級のクルマだと知りつつ、だがぼくはこのクルマの魅力も十分に感じる。その程度の複雑さは、ロックキッズのぼくも身につけた。そもそもレンジローバーが上流階級か成金のクルマだとして、多くの貴族や成金がこのクルマを購入するわけではない。普通の金持ちや会社の取締役はショーファー付きのクルマに乗っている。

心に砂漠を抱えた人達が、フェラーリやベントレーやメルセデスではなくレンジローバーを選択するのだ。

心に砂漠を抱えていない人は、レンジローバーのステアリングを握ったりはしないだろう。


毎日ロンドンを走っていて気がついたことがある。

それは、当たり前の話だが、この街が石によって造られた旧い街だということだ。

一週間以上ロンドンにいると、ぼくはなぜか息苦しさを感じる。石と時間に閉じこめられているような錯覚に陥るのだ。

石と時間と、それからもうひとつ。階級制度ってものがある。

そういうものに閉じこめられ、その堅牢な球体から外に出て行くことができない。この街からロックやパンクが生まれてきたのは、いわば必然だった。押しつぶされそうになり、それを跳ね返すために爆発したのがロックでありパンクだった。

新しいレンジローバーでロンドンを走り回りながら、もうひとつ肉体的な感覚として理解できたことがある。それは、ロンドンにいると、砂漠やアラブ世界の風景が一種の癒しにつながっているのだろうということだ。

かつてイギリス人は、アフリカや中東の砂漠へ出て行った。それはある人にとっては冒険であり、あるいはある時には経済的な侵略であり植民地政策だった。そうやって、大英帝国は繁栄をきわめたのだ。ずいぶん勝手な話だよな、と日本人のぼくは思う。だいたい、仏教徒のぼくはハンティングというものが嫌いである。

だが毎日ロンドンを走っていると、息苦しさに耐え難くなってきて、砂漠やアフリカの大地やアラブの風景を夢見るようになる。白人の女性ばかり見ていると、褐色の肌の美女や東洋の女性の神秘性を夢見るようになる。

ああ、なるほどね。なんだか、イギリス人の冒険心というものの一端が理解できたような気がする。石と時間と階級制度に閉じこめられて生きていると、時々ロックやパンクのように爆発したくなるのだろう。だが、誰もがミック・ジャガーやジョニー・ロットンのように爆発できるわけではない。爆発できなければ、何らかの方法で癒されるしかない。

北アフリカや中東の砂漠は、彼らにとって冒険の対象である以前に癒しの原風景になっているのではないだろうか。

冒険とは癒しなのだ。

砂漠への旅。それは石油やダイヤモンドや黄金、ウラン鉱石などの経済的な要因である以前に、もっと本質的に彼らが心の奥底から求めるものなのではないか。

日本列島は縦長だから一概には言えないが、四季に恵まれた気候は温暖で、木造建築だから神社仏閣以外は手軽に手直しして使用し、なによりも農耕文化だから定住して村社会を営んできた。そういう民族には、イギリス人の飢餓感と孤独を理解することなどおよそ不可能なのだと思う。

宗教にしたところで、神道と仏教をミックスしてきた我々には、絶対神と個人との関係なんてものは、およそ理解の範疇を超えている。神との契約。自然との契約。植民地との契約。そうした契約の上に、彼らの制度は成立してきた。

したがって、レンジローバーのようなクルマが日本で生まれるなんてことは、絶対にあり得ないことなのだ。

ところで、ミトコンドリアのＤＮＡを辿っていくと、黒人も白人も黄色人種も、現存するすべての人類はアフリカの一人の黒人女性に辿り着くのだという説がある。

この女性は、ミトコンドリア・イヴと呼ばれている。

遺伝子は普通、細胞の核に存在する。だが、核の外にも遺伝子は存在する。それが核外遺伝子で、代表的なのがミトコンドリアである。ミトコンドリアは細胞エネルギーの生産を行ってる器官で、ひとつのミトコンドリアには一万個ほどの塩基が配列されたＤＮＡが含まれている。

核内遺伝子が両親から半分ずつ受け継がれたものであるのに対して、ミトコンドリア遺伝子はそのすべてが母親から伝えられる。これがミトコンドリア遺伝子の特徴的なところだ。

だから、ミトコンドリア遺伝子を分析すれば、母系のルーツを辿っていくことができる。それを世界各地で律儀に辿った科学者がいて、すると、人類共通の祖先は二十万年前のアフリカにいた黒人だったということがわかったのだ。

この仮説によれば、日本人もイギリス人もロシア人も中国人も、すべてかつてアフリカ大陸に存在した一人の女性の子孫なのである。

現在のヨーロッパに居住する白人種は、太陽の光が弱く気温が低い地域に適応するために色素を失う方向に進化したのだと考えられている。狩猟民族である彼らはアフリカ大陸から今の中東エリアに入り、そこからさらに獲物を追って北上した。

やがて北京原人と遭遇し、これを駆逐することによって全ヨーロッパに広がっていった。ヨーロッパではサッカーが盛んで、フーリガンと呼ばれる野蛮な応援団などもいるようだが、あれはまさしく狩猟民族のスポーツである。子兎のように逃げ回るボールを追いかけ回して蹴り飛ばすという発想は、やはりハンティングの延長だろう。

一方、中東地域から海流に乗ってアジアへ辿り着いた者達が黄色人種の祖先だと考えられている。アジアは気候が温暖だったので農耕が営まれるようになり、多くの人々が定住するようになった。ここから海を渡った者がオーストラリアに辿り着き、アボリジニなどになった。

氷河期にはアメリカ大陸とアジアは地続きで、これを渡った人々の子孫がアメリカ原住民となったのである。

ずいぶんスケールの大きな話だが、レンジローバーのことを考えていると、そんなふうにイマジネーションが広がってしまうのだ。

イギリス人があの島国に安住していることができずに、北アフリカや中東を侵略したり冒険の対象にしたりするのは、ＤＮＡに刷り込まれた本能のようなものなのかもしれない。もともと太陽と砂漠の大地をルーツにしていたのに、今は北のほうの石の都市に閉じこめられてしまっている。だから時々、砂漠を旅してみたくなるのではないだろうか。

レンジローバーとは、そういう彼らが必要とする最良の道具なのだ。

いわば北方民族に埋め込まれたＤＮＡが、南方回帰を果たすために作り上げたのがレンジローバーというクルマなのではないだろうか。

しかも、それを優れた道具であることにとどめずに、ＢＭＷやジャガーに比肩し得る高級サルーンとして熟成させてきたところが、イギリス人らしいところである。

いずれにしても、この地上に存在するどんな民族も、民族固有の歴史から自由になることはできないのだと思う。いい悪いではなく、そいつは宿命なのだ。

ランボーも砂漠を目指した。彼はいわば、才能の成金だった。金はなかったかもしれないが、才能という意味においては間違いなく世界の頂点に立つ詩人であった。そんなランボーは詩を棄て、アデンに向かったのだ。そこで隊商を組み、アフリカ大陸へ出かけて行った。

ランボーが現代の人間なら、アフリカのエチオピアへ向かう時に、間違いなくレンジローバーのようなクルマを選択したに違いないという気がする。

だがそれにしても、ランボーに限らずヨーロッパの人々は、なぜそれほどまでに砂漠に惹かれるのだろうか。なぜあんな不毛の地で、わざわざラリーをやることなど思いついたのだろうか。

ランボーはヨーロッパの価値を疑う懐疑主義者だった。懐疑主義とペシミズム、デカダンスに溺れた詩人だった。懐疑とは神の存在と進歩という概念への懐疑であり、ペシミズムとはロマン主義が支配する文明に対する積極的なアンチテーゼであり、デカダンスとは歓びと絶望が背中合わせになった状況のことである。

ランボーに限らず、ユイスマンスやワイルドやホフマンスタールなど、十九世紀末のヨーロッパにはそんな文学者が多い。徹底的に市民レベルのモラルに反抗し、進歩という概念に唾を吐きかけ、酒とドラッグとアルコールに依存し、神の世界を裏切り悪魔に身を売ってもいいから自分の望む官能の世界を手に入れようとした。その結果が、詩や小説になったのだ。

十九世紀末という時代は一種異様な時代であり、そんな時代を潜り抜けることによって科学の世紀である二十世紀は幕を切ることができた。

ランボーの懐疑主義がなければ、自動車というものの発明もまたなかったかもしれないのだ。

ランボーは砂漠を目指そうとする以前、神の存在と進歩という概念への懐疑から、錬金術や神秘主義、カバラに傾倒したと言われている。錬金術というのは、鉄や亜鉛といった卑金属を貴金属である黄金に変成させる技術のことだ。実際には誰もそんなことに成功した人はいないのだが、この過程で科学技術の進歩が促され、思想や芸術が育まれていった。

錬金術はやがて、占星術や医学、ガラスや磁器などの製造技術、さらには薔薇十字団などの秘教的思想運動、神秘主義やロマン主義芸術などに吸収されていった。そんな文化の裏側の流れが一気に集約して溢れ出てくるのが、科学の世紀の前夜とも言うべき十九世紀末なのである。

ランボーの詩集である『地獄の季節』という表題の背後にも、こうしたヨーロッパの裏側の歴史が横たわっているのだと思う。ヨーロッパの文化や文明というものは信じがたいほど複雑で多面的であり、それをぼくらは漠然と「成熟しているのだな」と感じる。

イギリスを中心にしたヨーロッパの歴史とは、その暗黒面を含めて、奇々怪々としたものなのだ。

それは一朝一夕に出来上がったものではなく、長い時間のうちに形成されたものだ。だからどんな金持ちや才能に溢れた詩人にも、どうにかできるものではない。大きな流れがあり、それに個人で逆らうことなど不可能だ。

こうした状況を指して「成熟」しているのだとぼくらは言うのだし、それから逃れようと心の底から願った人間にだけ、幻の砂漠が浮かび上がってくるのではないだろうか。ヨーロッパ人にとっての砂漠やアラブ世界というものは、だからぼくら日本人にはおよそ理解することのできない特別な意味を持っているのだと思う。

パリ＝ダカールのラリーも、そんな人々の願いによって成り立っているのだろう。

レンジローバーは、そんなふうに幻の砂漠を希求する多くの人々の手によって、特別な一台に仕立て上げられたクルマなのではないだろうか。


レンジローバーはご存知のように、ローバーP6も作ったスペン・キングが、半ば偶然のうちに考案したクルマであった。ただ彼がプラニングしたレンジローバーは、今のレンジローバーよりはもっと素朴なものだったのではないかという気がする。

ランドローバー社にはその頃既に四駆のランドローバーがあり、これはおそらく今のディフェンダーに近いものだったのだろうと推察される。軍用に開発されたランドローバーが、やがてイギリスのカントリー・ライフに使用されるようになったのだ。

このランドローバーをもう少し洗練させ、カントリー・ライフだけではなくそれでロンドンにも行けるような四駆を作りたい。それまでは、ロンドンへ出る時にはジャガーやローバーを使用し、カントリー・ライフではランドローバーに乗っていた人々に、一台でその両方をカバーできるクルマを提供したい。スペン・キングの頭のなかにあったのは、そんな単純なイメージだったのではないだろうか。

こうして一九七〇年に、レンジローバーが誕生する。

レンジローバーは圧倒的な成功をおさめる。それはごく普通の成功なんてものではなかったのだ、とぼくは思う。人々はレンジローバーをカントリーとロンドンの往復に使用する以上に、高級車としてロンドンで乗り回すことを望んだ。砂漠を夢見ながらそいつでロンドンを走ることを望んだのだ。複雑で成熟したヨーロッパの歴史が、スペン・キングの思惑をさえ超えて、レンジローバーをそんなふうに育てていったのではないだろうか。

こうして、レンジローバーは特別な一台へと成長していった。ヌエのように複雑で多面的で成熟した、ワン・アンド・オンリーのクルマへと変貌を遂げていったのである。

ロンドンで、パーティにレンジローバーで乗り付けることが一種のファッションになった。レンジローバーに乗っているということは、ロンドン郊外に別荘を持っていることの証になったのだろうし、自然と上手に付き合っているという趣味の良さの表現にもなったのだろう。そして何よりも、自分は都市生活を余儀なくされているものの、心の奥底には幻の砂漠を抱えているのだという自己表現になったのではないだろうか。

かくしてレンジローバーは実用一点張りの四駆としてではなく、世界にたった一台だけの特別な、オフロードも走れる高級車として進化し続けることになった。簡素だった内装も、やがて本革になりウッドパネルを多用するようになり、磨き上げられていった。人々はレンジローバーを四駆のベントレーと呼ぶようになり、制作者サイドもこのイメージをフルに利用するようになっていった。

今回のモデルチェンジで、レンジローバーの第三世代が登場したことになる。

新型レンジローバーは、当初はお家の事情により、前に述べた通り数年前までローバー・グループのオーナーだったＢＭＷが開発を担当した。その後ランドローバーがフォード傘下に入ったことで、フォードが開発を引き継ぐことになった。

実際に姿を現したレンジローバーは、こうした出自と無関係だとは言えないだろう。だが、新型のレンジローバーは誰がどこから見てもレンジローバーとしか思えない存在として出現したのである。開発に手を貸したＢＭＷのエンジニアは惜しみなくドイツ的な最新のテクノロジーを注ぎ込み、それを受け継いだフォードのスタッフも同じように真剣に、世界にたった一台しか存在しない特別なクルマとしてこの新型レンジローバーに取り組んだ。

工場でレンジローバーの生産に携わる、失礼な言い方かもしれないが生涯このクルマのオーナーにはなりそうもない労働者の人々も、一〇〇パーセントの誇りと愛情を持って自らの仕事に従事しているのだろうと思う。

新型レンジローバーは、そのようにしてぼくらの目の前に登場した。

モノコックになったボディは剛性感を増し、ＢＭＷ製Ｖ８エンジンは高回転域でのパフォーマンスを向上させた。シャシーの上にボディが乗っていた従来の構造や、太いトルクのかつてのエンジンを愛する人々もいるだろう。

だが、誰がどう見たって新型レンジローバーの変容は論理的に正しい帰結なのである。ひとつのバンドをメンバーとファンが数十年にわたって必死に支えるように、レンジローバーというクルマは多くの人々に支えられて今日を迎えた。

何がそうさせたのか?

ヨーロッパの長く複雑な歴史がそうさせたのだとしか、ぼくには思えない。

正直な話、ぼくにはまだレンジローバーというクルマのことがよくわかってはいないのかもしれない。こいつを理解するということは、イギリスが中心になって連綿と続いてきたヨーロッパの多面的な歴史を理解しなおかつそれを愛するということだし、孤独で過酷なイギリス人の心性を理解することなのだから。

ロンドンの夜は、暗い。少なくとも東京よりはずっと暗い。

レンジローバーのステアリングを握って日が暮れたロンドンを走っていると、フロントグラスの向こうに砂漠が見える気がした。不思議なクルマである。

一台のクルマについて考えるのがこれほど困難で、だからこそこんなに楽しかったことも、かつてなかったように思う。

世界最高峰のプレミアム4×4。確かにその通りだろう。

だが、仔猫の命さえ金では買えないのに、レンジローバーは金さえ払えば手に入るのである。クルマなんてものは、考えてみればたかが知れている。たかがクルマ。されど、クルマである。一台のクルマの背後にヨーロッパそのものの歴史が、輝かしいものも暗黒のものも含めて流れているのだということを、ぼくは思い知ったのであった。

今ぼくは都内の仕事場で、小川義文が撮影した数十枚の写真を眺めながらレンジローバーを思い出している。

モノコックになった新しいレンジローバーのボディ剛性は素晴らしい。その感覚が、今も自分の体にのこっている。ボディの剛性を追い求めるようになったら老いた証拠だ、というエンスーはけっこう多い。だが、それが大切なファクターであることに変わりはないだろう。

ドアを閉めたときの感じや、コーナリングの感じ。それがニューレンジはあたかもドイツ車のごとくしっかりしている。ここが、しばらくは賛否両論のもとになるような気がする。だが現代のクルマとして考えれば、これは正常な進化なのだと思う。

レンジローバーは四駆だから、フレームがあり、その上にボディが乗っているという構造のほうが好ましいという意見もあるだろう。

飛行機などでも、翼や機体がギシギシと軋む方がむしろ頑丈だという説がある。機体が風圧にたわむ方が抵抗力がある、揺れるからこそ強いのだというわけだ。ヨットなどもそうである。

もちろん、これまでのレンジローバーだって、剛性のなさは欠点というほどのものではなかった。むしろそのゆったり感が愛されてきたのである。

だが新しいレンジローバーの高速性能は、モノコックによるボディ剛性が支えているのだと思う。

個人的には、ぼくは自分自身がだらしがないというか剛性がないタイプなので、高音域の残響音をのこして閉まるニューレンジのドアなどがとても好きだ。物体としてのクルマが確固としてここに存在し、外界との境界線がクリアなのが好ましい。

そして思い出すのは、あのエンジン音である。ＢＭＷ製のＶ８になったということで、エンジンのテイストもがらりと変わった。加速が素晴らしく、高速順応性もいい。エンジンに関しては、文句なしに新しいＶ８のほうがいいとぼくは思う。

そういう意味では、新しいレンジローバーはバイエルンのＢＭＷの遺伝子が組み込まれたジーンリッチのような存在なのだ。

一九六〇年代の後半まで、イギリスにも民族系資本の自動車メーカーというものが存在した。それがブリティッシュ・レイランドという大きな組織に統合され、やがて他国の資本に吸収されていき、今やイギリス民族系資本の自動車メーカーというものはなくなったのである。ご存知のように、ランドローバーばかりではなく、ジャガーもフォード傘下である。

だがフォードは、アメリカの会社でありながらジャガーのジャガーらしさ、ランドローバーのランドローバーらしさを実に大切にしている。きっとアメリカ人は、なんだかんだ言いながら、イギリス人のことを今も父親か母親のように感じているのだろう。彼らの多くは、自分の家系の出身地を、死ぬまでに一度は訪れることを人生における大切な儀式にしているくらいだ。

イギリス出身のレンジローバーは、そのルーツを大事にしながらも、ドイツ的な正確さやアメリカ的な大らかさを身に纏いながら、新しい地平へ向けて走り出したのだと思う。

レンジローバーは、確かに現代文明の頂点に立つもののひとつなのだ。

そして、ぼくはこんなふうに思う。文化を生まない文明ってものは下らないが、レンジローバーは確実にひとつの文化を創ってきたのだ、と。それはこれからも続いていく。

それこそが……何と言うか、レンジローバーの世界なのである。

2章

雪の大地と幻の砂漠と、アルチュール・ランボー

レンジローバー/オフロード篇

RANGE ROVER
BU51 VLT

RANGE ROVER
BU51 VLS

BU51 VNR
BU51 VHT

RANGE ROVER
BU51 VNB

RANGE ROVER
BU51 VLX

RANGE ROVER
BU51 VHV

RANGE R
BU51 V

ROVER

RANGE ROVER
BU51 VLX

風力発電の羽根が、遠くに微かに見えている。

スコットランドの大地はうっすらと雪に覆われ、こちらにヘッドライトを点灯した二台のレンジローバーが走って来る。写真家のレンズが、今まさに、それを捉えようとしている。

ぼくは写真家の背後に立って、それを眺めている。レンジローバーというクルマを、ぼくはそんなふうにずっと、四台のレンジローバーを乗り継いだ友人の写真家の背後から眺めていたようなものだ。

レンジローバーの運転に関する事柄も、ぼくは彼から学んだ。

オフロードでも、わりあい平坦な道ならレンジローバーはトランスファーをハイにしたまま走ればよい。これは、かなりな場所までハイのままで大丈夫だ。

「まだハイのままでいいよ。もっとアクセルを踏んでも大丈夫」

何度も、そう言われた。

上り坂の手前に来たら、ギアセレクターを一旦ニュートラルに入れる。センターコンソールにフリップスイッチがあるので、こいつをローの側に入れる。トランスファーが切り替わったことを知らせる電子音が鳴る。

これだけでＯＫだ。

急勾配な下り坂では、ＨＤＣ（ヒルディセント・コントロール）のボタンを押し込む。これはランドローバー社の特許で、ＡＢＳを使いながらクルマが自動的に速度を調節してくれる。もちろん、それでも坂道の頂上にたつ時、最初は恐怖感がある。坂道を下るというよりは、落ちるという感覚に近い坂道もある。だがそんな時でも、絶対にブレーキを踏んではならない。

信じられないほど急な下り坂が、途中で左にカーブしていたりする。

そんな場合でも、ブレーキは禁物だ。

ブレーキを踏んだ瞬間にＨＤＣは解除され、クルマは弾き飛ばされ、最悪の場合は転倒しかねない。

勾配のきつい上り坂では、頂上付近でタイヤがグリップ力を失いバックせざるを得ないことがある。フロントガラスのほとんどを空が占め、こちらは焦る。告白するが、ぼくがいちばん恐怖心を覚えたのがこの上り坂であった。だがＨＤＣは、バックでも作動してくれる。これは、ほんとうに心強い。

そうやって坂道をクリアした後の満足感は、他の何ものにも代え難い。

クルマを降りて、たった今上った坂道を覗き込んでみる。タイヤがこすった痕がついている。こんな坂をおれは上り切ったのか、と思う。

空気は冷えており、吐く息が白く凍える。寒いはずなのに、休憩時間には、背中に汗をかいていることに気がついた。

石ころというか、岩が転がっているセクションでは、エアサスペンションをコントロールして、グランドクリアランスを上げることが可能だ。最大で28・１㎝である。こうしておいて、歩くようなスピードで侵入する。

ステアリングを急に左右にとられるが、無理に逆らわず、コース取りを決めて行く。

四輪の挙動、それぞれのタイヤが岩や地面をグリップしている感じを、全身で感知すること。それが大切だ。

川を渡ることになり、どうすればいいか聞いてみた。

「今日走るのはオフロードのコースだから大丈夫だけど、普通は、川の深さなんて見ただけじゃわからないわけだよね。そういう時は川の手前でクルマを止めて、実際に歩いてみるんだよ。まず歩いて川を渡ってみる」

なるほど。

だが川を歩いて渡るのは許してもらい、一定の速度を維持しながら渡る。これはオートバイのトライアルで経験したことがあるので、わりあい楽だった。そうそう、スロットルペダルから絶対に足を放してはならない。レンジローバーは50㎝の水深の川まで渡れることになっているが、スロットルペダルを踏み続けている限りマフラーに水が逆流することはないのだから。

マディな坂道も、レンジローバーは難なくクリアして行く。

オフロードにおけるレンジローバーの底力は、まったくのところ計り知れない。

ところで、レンジローバーがなかば偶然から生まれた、という話をご存知だろうか。

その前に、ランドローバーの歴史を簡単に紹介する必要があるかもしれない。

ランドローバーが生まれたのは、一九四八年の春のことだった。バーミンガム郊外のソリハルにあるファクトリーの一角から生まれ、アムステルダム・モーターショーに出品された最初のランドローバーは、わずか80インチのホイールベースのボディにローバーP3－60の1・6リッターエンジンを搭載した小さなクルマであった。

だがその小さなランドローバーには、既にハイ／ロー切り替え付トランスファーを持った4×4システムが搭載されていたのである。

初代のランドローバーを企画し、開発の中心となって仕事に携わったのはウィルクス兄弟である。だが彼らも、ランドローバーというクルマがその後これほどまでに大きく成長するとは思ってもいなかっただろう。ランドローバーはその後ディフェンダーと命名され、二十一世紀の今も生産され続けているのだから。

最初のランドローバーへの反響は凄まじく、注文が殺到した。

経営的に紆余曲折はあったにせよ、ランドローバー社は以来五十年間、4×4モデルを生産し続けてきたのである。

一九四九年モデルは八万台が製造された。

一九五八年には二十万台を突破し、ランドローバーシリーズⅡが市場に投入された。

一九六六年には五〇万台を突破した。

そして一九七〇年に、遂にレンジローバーが発表されるのだ。

レンジローバーの企画そのものは一九五〇年代からあったらしいが、二度ほどボツになっている。名前だけは決まっていて、当初はロードローバーというものだったらしい。大地を走破するランドローバーに対してロードも走れる、というニュアンスが感じられる。

ロードローバーという名前は象徴的である。ロンドン郊外に家を持っている人達が、これ一台ですべてまかなえるクルマという発想が、当初からスペン・キングにはあったものと思われる。ただし、意外な話がある。ロードローバーは、当時の青写真では４ＷＤという発想はなく、ただの後輪駆動車として着想されていたというのだ。

一九六〇年代に入り、開発責任者のスペン・キングが、素人ながら自分でロードローバーのデザインスケッチに取り組んだ。

エンジンはローバーＰ５の３リッターの直列６気筒エンジンが使用される予定で、だがスタッフの一人がたまたま訪れたアメリカのマーキュリー社という船外機メーカーで、埃をかぶった一台のエンジンを発見する。そいつはＧＭ製の３・５リッターＶ８で、生産中止になったばかりのエンジンであった。

これが、幸運なことに開発中のロードローバーにぴったりだった。

この頃のスペン・キングはロードローバーをパートタイムの４ＷＤとしてイメージしていたが、このＧＭ製Ｖ８は強力で、２ＷＤにするとプロペラシャフトとディファンシャルがもたないことが判明する。

かくして、ロードローバーはフルタイム４ＷＤとしてデビューすることになった。多くのレンジローバー・ファンにとって、これはあまりにも喜ばしい偶然ではないだろうか。

ついでだが、デビュー時にロードローバーという名前は見送られ、４ＷＤにふさわしい限界や領域を指す「レンジ」に変更されたのだそうだ。つまり、「ランド」と「ロード」を合わせたのが「レンジ」であるということだ。

レンジローバーはいわば、幸運な偶然からオフロードも走れるクルマになったのである。ただし、これを買い求めた多くのユーザーはオフロード車として使用するよりも、ロンドンで乗り回すことを好んだ。彼らは伝統を重んずる国の住人でありながら、新しいキッチュなものも好きで仕方ないといった人達だったのだろう。

多くの自動車メーカーに比べると、ランドローバーはモデルチェンジのサイクルが長い。レンジローバーも一九七〇年に発表されて以来、九四年になるまで二十五年間モデルチェンジされなかった。だがもちろん、その間レンジローバーは決して立ち止まっていたわけではない。

4×4にABSやツイン・エアバッグを採用したのも、トラクション・コントロール・システムを搭載したのも、ランドローバー社が最初だった。

レンジローバーは、スペン・キングもそこまでは予想していなかったと思うのだが、結果的にプレスティッジSUVというカテゴリーを切り拓くことになった。

とにかく、最初のレンジローバーは、豪華な装備がついた4×4といったものだった。オンロードも走れるが、まあ一応は走れるといった程度だった……と、当時を知る人は言う。現代のディフエンダーのような車だったのではないか、とぼくは勝手に想像してみる。したがってレンジローバーの悲願は、4×4のまま高級サルーンなみのオンロード走行を実現することにあった、と見ていいと思う。

一九九四年に登場した第二世代は、一説によるとBMW7シリーズを徹底的に研究したらしい。

このおかげで、オンロードにおける性能は格段にアップした。

だが第二世代は、オンロード走行のテイストという意味においてはBMW7シリーズやメルセデスSクラス、あるいはジャガーXJの敵とはなり得なかった。オンとオフを両立させることは、それほど困難だということだろう。

だいたい、真っ直ぐ走っているぶんにはいいが、あれで高速コーナリングなんてやる気にはなれないだろう。

そして第三世代は、これまた結果的にはラッキーなことに、オンロードの目標としていたBMWのエンジニアが手を貸したのである。今のレンジローバーは、オンロードも走れる4×4なんてレベルを遙かに超えている。そいつは本物の高速ツアラーであり、トップレベルのサルーンでもあり、しかもオフロードの王者なのだ。

まさに、数々の幸運に恵まれた驚異的な一台。それが今のレンジローバーなのである。

オフロードの大地を走るレンジローバーのコアに流れている哲学は、徹底的なネガティヴ・シンキングなのではないかとぼくは思っている。

レンジローバーというクルマは、ネガティヴ・シンキングを突き詰める結果生まれてきたのだ。いつ、どんなことがあるかもしれない。突然、安全が脅かされるかもしれない。テロや戦争に巻き込まれないとも限らない。そんな時、どうするか？

道なき道を走破するという潜在能力を、レンジローバーは秘めている。多くのレンジローバーのユーザーは、あえてオフロードを走ったりはしないだろう。だが、このクルマが確かにそういう頼もしい道具にもなり得るのだと、多くのオーナーが時には考えてみるのだろうと思う。

レンジローバーはいざというときに、本当に頼りになる道具である。

そして今は、まさにネガティヴ・シンキングの時代なのではないだろうか。

一時期、ポジティヴ・シンキングが流行った。自分は成功するはずだとイメージしろとか、とにかく可能な限り肯定的なイメージを持つべきだ、というのがポジティヴ・シンキングという思想である。

多くの芸能人や文化人がポジティヴ・シンキングについて語り、それを実践しようとした。だが今は、ニューヨークの貿易センタービルにハイジャックされた旅客機が次々に突っ込むような時代である。命あるものはいつか消滅するのだという事実を受け容れ、そのなかに美しさや喜びや価値を見出すべきなのではないだろうか。

パレスチナやアフガニスタンにおける戦争を見るまでもなく、人間とは残虐で愚かでどうにもならない存在で、だがごく希には素晴らしい歌や絵画や小説やクルマを生み出すこともある。

そんなふうに考えると、小さな出逢いも大切にしたいと思えるようになるだろう。

レンジローバーはオンロードもオフロードも、どちらにおいても一級の走りを見せてくれる豪華なクルマである。だがその底流には、もしもこのクルマ一台しかなかったとしたら、というネガティヴ・シンキングの思想があるような気がするのだ。

テロに巻き込まれるかもしれない。

戦争があるかもしれない。

嵐に見舞われるかもしれない。

決定的に、安全というものが脅かされるかもしれない。

そんな緊急時に、会社や政府をあてにするのではなく本当に頼りになる道具としてのレンジローバーをあてにしたい。レンジローバーとは、確かにそういう側面を持っている。そして、それこそが、きわめてイギリス的な哲学なのだと思う。


夜の大地を走る。

夜空には、燦然と星々がきらめいている。

路面はきっと、凍結しているだろう。だが凍結していても、ハイのまま走って行く。少々自信過剰になったぼくに、助手席の小川義文が窓を少し開けるように指示する。

タイヤが路面とこすれる音が途切れたら、雪が積もった箇所に差し掛かった証拠だから注意しろ、というわけだ。

オフロード走行というのもまた、ネガティヴ・シンキングの極致なのだろう。

「いつか山川さんをレンジで砂漠に連れて行きたいね」

もう何度も口にしたことを、また小川義文が口にする。

砂漠の上にも、こんなふうに星が輝いているのだろうか。

それともこんなものじゃないのだろうか。夜の寒さは相当のものらしいが。

朝だ。

レンジローバーが、こちらにリアを向けてグリーンの大地の上に佇んでいる。思いがけない美しさに、はっとする。

優れたデザインのオブジェというものは、どこにも破綻がないものだが、目の前のレンジローバーはまさに完璧なフォルムを持っている。リアの小さめのブレーキランプとウィンカー、微妙なラインを描くハッチとロゴマーク。

サイドに回ると、シルエットがよくわかる。ドアやピラー類が、絶妙なバランスで配置されている。無駄な面がどこにもない。こんな４ＷＤが、他に存在するだろうか。街を行く多くの４ＷＤを見ると、豪快さを表現したり高級感を演出したり、ブランドイメージを全面に押し出そうとしたりと様々だ。デザインとは個性だから好き嫌いはあるだろうが、どこかに無駄がある。

クルマのデザインで無駄を感じさせるのは、立体であるにもかかわらずベタッと平面的に見えてしまう部分であり角度だ。レンジローバーには、官能的なある種のスポーツカーがそうであるように、そんな無駄が一切ない。

そして、優れたデザインを施されたクルマは、その材質にかかわらず硬さを感じさせるものだ。レンジローバーは、鉱物のような硬さを感じさせる。

鉱物のように硬く、無駄がないもの。そういうクルマや絵画、写真や詩が、ぼくは好きだ。

コーヒーを飲みながら、ぼくはまたランボーのことを考えた。どうも今では、ぼくのなかでランボーとレンジローバーが砂漠を中心に強く結びつき、切り離すことができなくなってしまったようなのだ。

レンジローバーのフォルムは、ランボーの詩句のように美しい。

ほんとうは今回こそ砂漠へ取材へ行き、小川義文の写真をバックにランボーの詩を翻訳しようかと思ったのだが、砂漠という所はそう簡単に行ける場所ではない。そのかわりに、以前文学論の本で触れたこともあるのだが、ランボーという詩人を紹介したいと思う。

一八八四年、三十歳のランボーはアビシニアのハラルで、バルデー商会というオフィスに在籍していた。就職面接の時に、面接官に「出身地はジュラ県のドール市だ」とランボーは言っている。この時ばかりではなく、ランボーは就職面接のたびに、父親のランボー大尉の出身地を自分の出身地だと述べている。あまり意味のない嘘だ。ランボーは、軍人であった父親のような強い人間になることを、生涯をかけて自分に課したのではないだろうか。詩作によって永遠の美を閉じ込めることよりも、父親のような人間になることのほうが、彼にとっては重要だったのではないかとぼくは思うのだ。

だからこそ、砂漠へ旅立つことを決意したのだろう。

イスラム教徒の聖都であるハラルでのランボーは、頭にターバンを巻き、身には赤い毛布をマントがわりにまとい、肌は褐色に焼けていた。もはやその容姿はヨーロッパ人のそれではなく、アラビアの商人になりきっていた。

そしておそらくはこのハラル時代に、梅毒に感染している。

詩を棄てパリを去り砂漠の彼方に消えた後、ランボーは人々の賞賛をあつめていた。それまで誰も見向きもしなかったくせに、『ヴォーグ』誌は九月より三回連載で『地獄の季節』を掲載した。あの詩が『ヴォーグ』に掲載されるなんて、なかなか粋ではある。

一八八五年、ランボーはショア地方出身のアビシニア人の恋人と離別し、商会を解雇された。戦争が激化し、支店が閉鎖になったためだ。ランボーは「あの女には騙された」と口汚く恋人を罵ったのだそうだが、このエピソードにはかえって彼女への愛情の深さが滲み出てるように思う。

『太陽と月に背いて』（角川文庫／クリストファー・ハンプトン著）という本があり、この作品は映画化もされた。ランボーとポール・ヴェルレーヌの激しい愛を描いた物語であり、映画化ではランボーの役はレオナルド・ディカプリオが演じた。映画がヒットしたせいか、最近ではランボーがホモ・セクシュアルだったという側面が強調されすぎているような気がする。

詩を棄てた砂漠時代にも、ランボーには少年の恋人がいたことがわかっている。ランボーがハラルで出会ったジャミという少年である。ジャミはランボーの使用人として、良き理解者として、旅を共にしている。

だが、彼にはまた女性の恋人もいたのである。

ランボーの武器取り引きにからむ危険な賭がはじまるのは、このアビシニア人の恋人と別れた時からだ。フリーになったランボーはショアの貿易商と契約し、無謀な武器取り引きの準備に追われることになる。

ランボーは一人でラクダ三十頭、人夫三十四名の隊商を率いて、ショアの首都であるアンコベルを目指した。ダナキル火山地帯の、灼熱の砂漠のただ中へ出発することにしたのである。〈出発〉というイメージにこだわりつづけたランボーの、それはまさしくほんとうの出発であった。

見飽きた。夢はどんな風にでも在る。持ち飽きた。明けても暮れても、いつみても、街々の喧噪だ。知り飽きた。差押えをくらった命。ああ、『たわ言』と『まぼろし』の群れ。出発だ、新しい情と響きとへ。

（出発／小林秀雄訳）

ランボーは無事にショアに辿り着いた。だが王に拘束され、銃を差し押さえられてしまう。強引に安価での取引を要求され、大きな損失を出してしまうのだ。

ランボーはそれでも懲りずに、武器商人であるアルマン・サブレと提携する契約を結んだ。今度はラクダ二百頭を超える隊商を組み、ハラルに向かい、無事にアデンに戻った。ここで、象牙や皮、コーヒー、金、香料や絹製品などの売買を手がけるようになった。

ランボーの右脚に激痛が走ったのは、一八八九年二月のことだったと言われている。関節が拳大に腫れ上がり、右脚全体が硬直した。三月末になると、全身が硬直する。

ランボーは遂にハラルを離れる決心をし、財産を売り払った。身の回りのものもすべて処分した。自分で設計した屋根付きの担架にのり、十六人の人夫にそいつを担がせ、苦労してアデンに戻ってくる。医師が脚を切断すると言い、ランボーはそれを拒否して帰国することにした。

マルセイユに着いたのは、五月のことだった。マルセイユの病院の医師も脚の切断を決め、ランボーは母と妹に電報を打った。

「本日、母上かイザベル、急行にて、マルセイユに来られたし。月曜の朝、足を切断す。死の危険あり。重要な件、片づけたし」（ランボーの沈黙／竹内健）

五月二十七日に右脚が切断された。

手術直後からの経過は良く、七月二十三日にランボーはフランスのロッシュに帰った。松葉杖の練習をし義足も作ったが、傷口が灼きつくように痛んだ。

やがて、痛みは脚の傷口だけではなく、腕にも肩にも激痛が走るようになった。癌細胞が、全身に広がりはじめたからだ。病状は日増しに悪化し、遂にランボーはベッドから起き上がれなくなる。夜、痛みと悪夢にうなされてベッドから落ちると、ただ丸太のように床を転げまわるしかないのだ。見かねた妹のイザベルがケシの花を煎じて飲ませると、一時的に痛みはひいた。だが、すぐにもっと激しい痛みに襲われるのだ。それでもランボーは南へ向かう旅への希望、あるいは出発への欲望を抑えることができなかった。

妹に付き添われてマルセイユへ行き、だが到着と同時に入院することになる。

ランボーは病院で、イスラム教徒の祈り「アッラー！　アッラー・ケリム！」（神の思し召しを）を唱えたということだ。

十一月になり、全身が衰弱しきっても、ランボーの旅への執着はまだ消えていなかったと見える。

死の前日、「早朝に乗船したく思いますので、何時に乗船すべきか、お教えください」という郵船会社の支配人に宛てた手紙を妹に口述筆記させている。そして翌日、一八九一年十一月十日午前十時三十分、ランボーは三十七歳の短い生涯を閉じたのである。

なぜランボーは、南へ出発することに最後までこだわったのだろうか。砂漠の写真を見たり、砂漠を舞台に繰り広げられるラリーの話を聞いたりするたびに、あるいはレンジローバーのステアリングを握っている時などに、ぼくはランボーを思い出してしまうのだ。

いや、ランボー一人だけのことではないのかもしれない。砂漠へ出発したいという根元的な欲望が、誰もの胸のなかに棲みついて鈍く光っているのかもしれない。

ランボーとは才能溢れる詩人であるのと同時に、最高の冒険家でもあった。

もしもぼくが映画のプロデューサーなら、砂漠時代のランボーを描く映画を撮るのだが。

きっと今も、レンジローバーかディフェンダーに乗ったジャン・ニコラ・アルチュール・ランボーの末裔達が、砂漠を行き来しているのだろう。ある者は戦禍に巻き込まれて命を落とし、ある者は病に倒れ、ある者は褐色の肌の恋人と愛し合っているだろう。

レンジローバーとは、ほんとうはそういう男達にこそいちばん似つかわしいクルマなのではないだろうか。

いつかランボーの足跡を辿ってみたいと思っているのだが、アデンは現在のイエメンにあり、遠征先はエチオピアである。どちらも政情が不安定と言うか、エチオピアなど内戦状態である。

武器商人だったランボーに意気地なしと嘲笑されそうだが、銃弾が飛び交うなかを旅する気にはやはりなれない。

だがいつか夢が実現することがあったら、その時にはレンジローバーで行こうと思っている。

3章 ケルト文化がのこるウェールズを走る

ディスカバリー

LAND ROVER
Y823 TOA

LAND ROVER
Y823 TOA

r/min x1000
ROVER
VOL.
MODE
SRS
AIRBAG

CD
TAPE
SCAN
AM
MAN
FM
1
2
3
4
5
6
8:15
ECON
EXT
AUTO
0 - 5 MPH (8km/h)
D 3 2 1
D 3 2 1
P
R
N
D
3
2
1

Y823
TOA
DISCOVERY
Td5
LANDROVER

LAND RO
Y823 T

ND ROVER
Y823 TOA

MICHAELS FIELD
Y823
TOA
DISCOVERY
ARAF
SLOW

Y823
TOA
DISCOVERY
Td5

D ROVER
LAND ROVER
23 TOA

Cardiff

Td5

早朝ディスカバリーでロンドンを出発し、M4でカーディフを目指した。

ディスカバリーは、とても男っぽいクルマだとぼくは思う。レンジローバーのような高級車というわけでもなく、フリーランダーのように可愛らしいわけでもない。それがディスカバリーに男らしいキャラクターを与えている。

水冷V型8気筒エンジンを搭載したフルタイム4WDのディスカバリーは、ランドローバー三兄弟の次男である。モーターウェイを走行している限り、普通の乗用車と変わりない直進安定性を発揮する。視点が高い分だけ、むしろ気分がいい。

エンジンはV型8気筒、電子制御式4速オートマチックトランスミッションである。トランスファーギアのハイ／ローの切替えにより、前進8種類、リバースが2種類のギア比の選択が可能だ。つまり4速オートマチックで、副変速機方式としてハイ／ロー2段切替えになっているわけだ。これはレンジローバーと同じである。

さらにハイレンジで「スポーツモード」、ローレンジで「マニュアルモード」の切替えが可能である。最大トルクは34・7kgm／2，600rpmで、本格的にオフロードを楽しもうとする人はレンジローバーやフリーランダーではなく、このディスカバリーやディフェンダーを選択するのではないだろうか。レンジローバーはいろいろな意味で突出したクルマだが、ディスカバリーのほうは理に適っている。価格も、リーズナブルである。

東京で長期間このディスカバリーに乗っていたことがあるが、普通のサルーンのように使用していてもまったく何の問題もない。

目的地のカーディフは、ウェールズ全人口の四分の三が住むと言われる大都市である。

SUVと呼ばれるジャンルのクルマにいちばん似合うのは、都市と自然が微妙に交錯しているイギリスだろうと思う。以前、雨ばかり降る季節にブリティッシュ・ロックを巡る取材をレンジローバーで行った時にも、そう感じた。

イギリスでは、ロンドンを出て少し走ると緑滴る自然が保護されている。日本のように思慮分別なしに河川の護岸工事をしたり道路を片っ端から舗装したりしないので、昔ながらの美しい景観が保たれている。だからSUVでないと走れない箇所が数多くあるわけだ。イギリスをドライヴする楽しさは、自然との対話にこそあるように思う。

かつて、ザ・フーの取材でイングランド南部のブライトンの断崖絶壁を訪れ、ストーンズの取材では牧歌的なダートフォードに足を運び、「クマのプーさん」を書いたA・A・ミルンの家を訪ねてハートフィールドへ行ったこともある。ミルンの家はその後ローリング・ストーンズを解雇されたブライアン・ジョーンズが購入し、彼はこの家のプールで死んだのである。

ハートフィールドへ向かうA23とA22を、ぼくは今でもよく覚えている。鬱蒼とした森に囲まれた、趣のある道路であった。

「ピーター・ラビット」を書いたベアトリクス・ポターが暮らした湖水地方を訪れた時の足は、ローバー75だった。ヒルトップにあるニアソーリー村にはベアトリクス・ギャラリーがあり、ポターの遺品や原画が展示してあった。生前ポターが力を注いだ、ナショナル・トラストの方へのインタビューも行ったのだった。75は、優雅なクルマだった。

昨年は本書の前作『ジャガーに逢った日』の取材のため、ジャガーXタイプで、マンチェスターからリヴァプールを経由し、コヴェントリーで一泊してロンドンに戻ってきた。こうして思い出してみると、ぼくはけっこうイギリスを走っている。

今回ウェールズへ行ってみたいと思ったのは、アングロサクソンやゲルマン民族に滅ぼされたケルト文化に触れてみたいと思ったからだ。

ご存知のようにアングロサクソンはイギリスのメジャーな民族だ。もとはゲルマン民族に属していて、原住地は北ドイツやデンマークなどだ。彼らが民族大移動をはじめてイギリスにも渡ったわけである。やがてアングロサクソンはアメリカ合衆国にまで渡り、世界を支配することになる。ぼくらには、白人ならほとんど皆同じに見えるが、そのなかにもいろいろあるということだ。

ブライアン・ジョーンズや詩人のディラン・トーマスがウェールズ人で、彼らの独特な仕事が好きで、ぼくはケルト文化に興味を持つようになったのだ。

ボブ・ディランがトーマスのファンで、だから「ディラン」と名乗るようになったというのは有名な話だ。あるいはビートルズの「サージェント・ペパーズ・ロンリー・ハーツ・クラブ・バンド」のジャケットのポールの顔の真上に、ディラン・トーマスの顔写真が見える。弦楽をバックにしたポールの「イエスタディ」は、まさにケルト音楽なのである。

ジョン・レノンもアイリッシュの血を引いているし、ピンク・フロイドのデヴィッド・ギルモアの頑固さもケルトの血のせいだ。

ミック・ジャガーもアイリッシュの爺さん達のバンド、チーフターズの「ロング・ブラック・ベイル」にキース・リチャーズやロニー・ウッドと共に参加し、ディラン・トーマスの生涯を描いた映画"The map of love"の製作に乗り出している。ミックはトーマスにかなり入れ込んでいるらしく、オークションで生前彼が使っていたものをことごとく競り落としている。それでディラン・トーマスの遺品の値段がつり上がってしまったらしい。

ケルトの文化は、エンヤばかりではなく、ボブ・ディランやビートルズやストーンズなど、多くのロック・ミュージックのなかに流れているのである。

ランドローバーのラインナップは、レンジローバーにしろフリーランダーにしろ、このディスカバリーにしろ、オフをこなしながらいかに快適にオンロードを走行するか、という方向で進化してきた。ディスカバリーも例外ではなく、本格的なオフロード走行をこなしながら、オンロードも快適である。オンロードを走行している分にはハイレンジに入れっぱなしにしておけばいいわけだ。ABS（4チャンネル・アンチロック・ブレーキ・システム）やETC（4輪電子制御トラクション・コントロール）、EBD（電子制御ブレーキ・ディストリビューション）なども装備。

さらに、HDC（ヒルディセント・コントロール）も装備されている。

こいつをオンにすれば、急坂の下りというもっとも難しい状況でブレーキ／スロットルを制御することができるわけだ。いざとなったらこれを使えばいいんだよな、と思う。ヒルディセント・コントロールは、オフロード走行の可能性をぼくのような素人にもひらいてくれた画期的なシステムである。

ところでケルト民族は、鉄器文明を創り出した人々だ。さしずめディスカバリーは、どんな場所でも走破することができる現代の鉄の馬みたいなものだ。今回は四輪駆動に乗ってケルトの妖精を探しに行くのである。なんだか、一神教はもうたくさんだという気分なのである。

ケルト民族は日本の神道と似ていて、四〇〇以上の神々が存在する多神教だ。神官をドルイドと言い、だからドルイド教とも呼ぶ。

霊魂の不滅を信じ、自然崇拝だからエジプトやギリシャやローマのように、巨大な神殿や王族の墓などの宗教的建造物をのこしていない。そのかわりに、彼らは自然のなかに神聖なものを見ていた。透明な川の水や緑の木の葉、深い森のなかの闇や雨の滴こそが信仰の対象なのだ。

M4は海岸沿いを走っているのだが、なかなか海が見えてこない。

ところで、助手席に座ってナビゲーションしてくれたのは、小川義文写真事務所の佐藤俊幸君である。山形出身の彼はランドローバーを愛するがあまり写真家になった男だからさすがにエキスパートで、細かいことまでよく知っている。

年式による特徴や値段やオプションや、運転技術や、そういうことを熟知している。数時間のドライヴのうち、佐藤君は少なくとも一時間はディスカバリーやランドローバーのことを喋り続け、ぼくは彼に一時間はケルトやディラン・トーマスのことを喋り続けたのだった。

「ディスカバリーのルームミラーには、方位磁石がついてるじゃん」と、ぼく。

「便利ですよね。でもこれはGMなどのアメリカ車でも標準になっていますし、国産のSUVにも付いていますよ。ディスカバリーだけってわけじゃないですから」

ミラーの右上に小さな液晶パネルがあり、〈S〉とか〈N〉とか、あるいは〈SW〉とか〈NW〉とか方位が表示されるのだ。これは、知らない土地ではとりわけ便利である。便利どころか、砂漠を走行していたりする場合などには、こいつが命を救ってくれるかもしれない。

「ひとつ疑問があるんだけどさ。なんでこんないいものがレンジローバーのほうにはついてないわけ?」

「それはですね、レンジにはカーナビが標準装備ですから、必要ないんじゃないでしょうか」

「ああ、なるほどね……」

と、そんな会話がずっと続くわけだ。

あるいは、痩せてる女の子とグラマーな子とどっちが好きかとか、お互い二年ぐらいで金を貯めることにして、その時どんなクルマを買いたいかというような、ほとんどガキのような会話が続く。ずっと旧いレンジローバーに乗っていた佐藤君は、次はディフェンダーかこのディスカバリーが欲しいのだと言っていた。

ただディスコは後部のドアがレンジのように上下にではなく横に開くので、写真家としてはそれが使いづらいことが欠点だ、と。

ディスカバリーは東京にも似合っていると思うが、やはりイギリスの風景のなかでステアリングを握るのは気分がいい。このイギリスの風土が、ランドローバーを育てたのである。

レンジローバーが発表されたのは一九七〇年だが、その弟分とも言うべきディスカバリーが発表されたのは一九八九年だった。九一年には日本発売も開始された。

ちなみに、レンジローバーが日本で正規代理店を通して購入できるようになったのも一九九〇年からで、それまではイギリス本国に注文して届くのを待つか、アメリカ経由の左ハンドル車に乗るしかなかったのである。

一九九九年には、ディスカバリーは発売以来初めてのモデルチェンジを果たした。

今回の試乗車は、シリーズⅡである。

やがて、海が見えてきた。長い橋を渡る。すると、その向こうはウェールズだ。

カーディフでは、ウェールズ国立博物館へ行った。入場無料で、印象派のコレクションなども多数ある芸術部門と、ケルト文明の歴史や古代の武器や遺跡などの展示部門のふたつに大きく分かれている。

ここでぼくは、感動的なものを見た。それは、土器なのだ。日本の縄文式土器によく似た瓶がいくつも展示してある。

ケルト民族は鉄器文明を築き上げたことで有名で、たしかに鉄の武器や鎧なども展示してあるのだが、それ以前には土器を作っていたのだ。

いくつかの瓶には、どう考えても縄のようなものでつけたとしか思えない紋様が描かれている。

あるいは、裸の女体像などは、日本の土偶によく似ている。

因みに、住居の屋根は藁葺きだった。

ブライアン・ジョーンズのイメージがあまりにも強いので漠然と金髪の人達をイメージしていた

のだが、それは北方民族と混血した後のことで、最初は彼らも黒い髪だった。そして、縄文の竪穴式住居によく似た家で暮らしていた。日本列島とヨーロッパと、こんなにも離れているのに、ぼくらの祖先は似たような土器を作り同じような住居に棲み、そして同じようなアニミズムを信仰していたのである。そのことに、ぼくは感動した。

ケルト民族はギリシャ・ローマ以前にヨーロッパにおいて高度な文明を築きながら、忽然と歴史の表舞台から消えてしまった。今ではその姿は深い謎に包まれている。

その理由のひとつに、彼らが長い間文字を持たなかったことがあげられるだろう。さらに現在では、ヨーロッパの歴史はほとんど勝者の側であるギリシャやローマの立場からの記述によって成立している。

ケルト民族は国家をつくることさえ嫌った。だからほぼヨーロッパ全域に広がりながら、ローマのような統一的な権力があらわれることは遂になかったのである。そして今では、アイルランドとスコットランド、ウェールズ、そしてフランスのブルターニュ地方にわずかにその面影をのこすだけになってしまった。神秘的な自然と自然のなかに存在する複数の神々を崇めた彼らの姿は、今では雨の上がった森にあらわれる妖精のように儚い存在なのだ。

ガラスのケースに収められた土器を眺めながら、多くの日本人がエンヤの音楽やケルトの民話に惹かれる理由がわかった気がした。自然のなかで生きようとするその姿勢に、ギリシャ、ローマの二大文明にはない希望を多くの日本人が感じているからではないだろうか。

ケルト民話は、日本のデジタル産業が生み出した多くのロール・プレイング・ゲームにも強い影響を与え続けている。

そういう世界を旅するのに、ディスカバリー以上にふさわしいクルマはないように思う。博物館を出て、サンルーフを開け放ち、さらに西のスウォンジーへ向かった。マリーナを中心に開けた街で、ウェールズの自然を愛したディラン・トーマスの故郷である。最近市が建てたディラン・トーマス記念館や、トーマスの生家、ダウ川の畔には彼が晩年暮らしたボートハウスなどがのこされている。記念館には、生原稿や遺品が展示されているのだ。

ウェールズでは、交通標識も英語とケルト語の二種類で表記されている。

そしてスウォンジーには、ディラン・トーマスが歌った自然が美しいままのこされていた。

トーマスは十九歳の時に、ロンドンの地方新聞に投稿した「緑の導火線を通して花を駆り立てる力」が特選に選ばれることによってデビューした。一九三三年のことだ。戦争と革命の時代であり、文学も左翼思想の影響下にあったこの頃、トーマスはロマンティシズムと呼んで差し支えないような詩を引っさげてデビューしたのだから、衝撃は大きかったのだろう。

緑の導火線を通して花を駆り立てる力は
ぼくの緑の年齢を駆り立てる。木の根を枯らす力は
ぼくの破壊者だ

「緑の導火線を通して花を駆り立てる力」（松田幸雄訳）

ぼくがディラン・トーマスに惹かれるのは、若くしてデビューしながらアルコールに溺れ、逸楽に身を任せたまま三十九歳にしてニューヨークで夭逝するというドラマティックな人生もあるが、やはりその作品が心優しいからだ。

ウェールズの自然というものを、トーマスは丁寧に描いている。

それが、あの時代にあっては、ラディカルな反抗と見なされたのだろう。だがほんとうは、ディラン・トーマスはウェールズの草花が水を吸って花を咲かせるように、ごく素直に詩作しただけなのだと思う。

日本で言うなら中原中也の詩のように、決して写実そのものではない、自分のなかに取り込まれた自然というものが息づいているのだ。

ダウ川の畔に立つと、この川面に射す光をディラン・トーマスも見ていたのだと思う。詩人や作家やミュージシャンを理解する最良の方法は、彼の故郷へ行ってみることだとぼくは思っている。そして今、ぼくはディラン・トーマスの故郷に立っているのだった。ディラン・トーマスの作品が持っている素朴さ、緑滴る自然への憧れ、日常生活の裂け目から垣間見ることのできる神秘。そして、神秘を信じる心の動き方。それらは、やはりケルトの文化からきているのだろう。

ダウ川に面した場所に建っている記念館を探し出し、なかに入ってみる。ディラン・トーマスの多彩な活動がわかりやすく展示されていた。ぼくはここで、『ウェールズのクリスマスの思い出』（ディラン・トーマス＝文　エドワード・アーディゾーニ＝絵　村岡美枝＝訳　松浦直己＝監修）という絵本の原書を、大判とポケット版の両方で買い求めた。

このクリスマスの話は、一九四五年十二月にBBC放送で放送されたもので、詩ではなく子供でも読める物語だが、彼の故郷で買い求めるにはぴったりだと思ったのだ。

外に出て本を広げていると、きちんとした身だしなみの老夫婦に声をかけられた。ディラン・トーマスが好きなのか、と声をかけられた。そうだと答えると、その本を貸してみろと言うので絵本を差し出した。

彼はページをめくり、わたしは書き出しが好きなんだと言って、冒頭部分を朗読しはじめた。

「ぼくが子どもの頃、この海辺の町にやってくるクリスマスは、いつの年も、とてもよく似ていたし、寝入りばなに、かすかに聞こえてくる誰かの話し声のほかは物音ひとつしなかった。だから昼も夜も雪が降り続いたのが、十二才の時の六日間だったのか、六才の時の十二日間だったかなんて、ちっとも覚えてないんだ。

クリスマスの思い出は、いくつもの雪玉となってころころと、英語とウェールズ語をしゃべる海へと転がっていく。寒がりのせっかちな月が、ぼくらのよく遊ぶ坂道みたいな空をかけ下りていくみたいに」（村岡美枝訳）

銀髪の奥さんが、子供でもなだめるみたいに本を手に取り、ぼくに返してくれた。

だがウェールズ訛りの朗読なんてめったに聞けるものではないので、もう一度読んでみてくれとぼくは頼んだ。彼はうれしそうにまた朗読し、その後ぶつぶつ呟いていたが、何と言ったのかはわからなかった。

しかしおまえはディラン・トーマスの故郷を見たくてわざわざ東京から来たのかと言うので、ぼくはディスカバリーを指差した。

「あのクルマの取材ですよ」

「ランドローバー。あれはいいクルマだよ。だけど、日本でも売ってるだろうに。そうだろう?」

「日本でも人気ですよ」

「そりゃそうだ。4ウィールズ・ドライヴはいいよ。だけど、日本で売ってるのになんでこんな田舎町までやってくるんだ? ああ、わかったぞ……」

そう言うと老人は、悪戯小僧のように眼を光らせた。

「あんたが海外旅行したかったからだ。それで日本にもあるクルマの取材をこんなところでやってるんだ。あんたはスマートだが、日本経済はひどいことになってるんだろう? とにかく早くそっちを何とかしてくれよ」

老人はガッハッハと笑い、ぼくの背中をバンバン叩くと行ってしまう。ウェールズの人ってのは、みんなああいうタイプの人なのだろうか? 今では、あの老人はもしかしたらケルトの神話に登場する悪戯な妖精のトロルだったんじゃないか、と思う。

しかし、ロンドンとスウォンジーを日帰りで往復するのは、やはりちょっときつかった。700㎞を、ぼくは一人で運転したのだ。だがおかげで今は、ディスカバリーの感覚を体が覚えてしまっている。

ディスカバリーは、今のぼくのイメージでは、ケルトの鉄の馬そのものだ。

4章

未知の自分自身がいる場所へ

フリーランダー

LAND ROVER
品川300
ふ 20-72

ES

LAND ROVER
品川300
ふ 20-72

ES

ES

ES

LAND ROVER
LAND ROVER
品川300

品川300
ふ 20-72
V6
FREELANDER

品川300
ふ 20-72
V6
FREELANDER

ROVER
LAND ROVER

この本を書いている間、フリーランダーを借りている。５ドアのＥＳだ。いいクルマである。可愛い。欲しくなってしまった。今、真剣に購入を検討している。フリーランダーが発表されたのは一九九七年のフランクフルトショーだったが、その時から気になる存在だった。

レンジローバーの章を書くのにぼくは実は予想以上に苦労し、考えに考え、時間も費やした。レンジローバーとは、それだけ難解なクルマなのだろう。

それに較べると、フリーランダーはわかりやすいところがいい。たとえて言うならレンジローバーはブリティッシュ・ロックの大御所で、フリーランダーは二十代のシンガーという感じである。

最近、アラニス・モリセットのことが好きになってしまって、フリーランダーではアラニスのファーストアルバムをＭＤに録音したのを繰り返し聴いている。フリーランダーとアラニス・モリセットは、よく似ている。可愛らしいがそれだけではなく、ボブ・ディランに影響されながらもちゃんとそれを自分のものにし、明るく陽気だが芯が一本通っている。

ランドローバーのラインナップの末弟を務めるフリーランダーが日本に導入されたのは、二〇〇一年の二月のことだった。競合相手の多い、いわゆるライトクロカン市場への参入である。

だがライトクロカンとは言え、そこはランドローバーのファミリーだ。ヒーター付きのしっかりしたシート、上品な趣味のいいトリム類、イギリス風の空間は落ち着いている。

Ｖ６ＤＯＨＣ24バルブのエンジンと５段ＡＴのマッチングがよく、乗り心地は下手なサルーンより遙かにいい。このエンジンは、ローバー75のために開発されたものである。

ピックアップトラックのように荷室がオープンになる、3ドアのGSもラインナップされている。3ドアモデルのGSはラゲッジルーム天井部分がキャンバストップになったソフトバックボディで、スタイルはこっちのほうがいいかもしれない。

もちろん、取り外し可能なハードトップもオプションで用意されている。

ただいずれにせよ、屋根付きガレージなど望むべくもないぼくなどは、やはり5ドアのESか廉価版5ドアのSのほうが使い勝手はいいだろう。

ESとSの差は、ESはホイールが15インチ鉄チンから16インチのアロイになること、内装がファブリックからレザー仕様になり、ルーフレール、クルーズコントロールなどが標準で装備されるということだ。3ドアのハーフバックは、GSの一種類だけである。

Sなら、300万円を切る価格で購入できる。正直言って、これは魅力だ。

二〇〇一年モデルから、シーケンシャルシフトが可能なステップトロニック付き5段ATを搭載したグレードがラインナップされ、日本でも購入可能である。

写真でしか見ていなかったフリーランダーを最初に見た時の印象は、予想していたより大きいな、ということだった。そして、本格的に筋肉質な感じがする。末弟なんだから、背が小さくておとなしい優しい少年が来るんだろうと予想していたら、きれいに日に焼けた筋肉質のワイルドな彼がやって来た……というような印象だ。

ボンネットのデザインがレンジローバーを感じさせ、5ドアのほうは後半が高くなったルーフラインがディスカバリーを感じさせるなど、ディテールのそこかしこにランドローバー・ファミリーの共通点があるせいかもしれない。なかなか上手い演出である。簡単に言ってしまえば、とりわけソフトバックを開けた状態の3ドアのスタイルなどはユニークだが、ディテールでは巧みにランドローバーのアイデンティティを継承しているのだ。

ステアリングを握り走らせてみると、やはりランドローバーの血統を感じさせてくれる。本革をふんだんに使った上級モデルのＥＳのインテリアは、レンジローバーみたいである。同じ空気感を持っている。もっとも、最近ぼくは革のシートというのがあまり好きではない。微かに動物の臭いがして酔う感じがするからなのだが、フリーランダーにはもちろんクロスのシートも用意されている。

それから、レンジローバーでもいちばん気持ちがいいのが視線が高くなることなのだが、フリーランダーのアイポイントもかなり高い。

ところで、当然のことながらフリーランダーは四駆のオフロード車であるわけだが、ランドローバーの最新の装備を身に纏っている。フリーランダーにもヒルディセント・コントロール（ＨＤＣ）が装備されているのだ。こいつがＡＢＳと連動することにより、急な下り坂で、エンジンブレーキをアシストしてくれる。最高時速６㎞／ｈという、理想的なスピードを維持してくれるわけだ。

急な下り斜面ではＡＴセレクターをＬに入れ、ヒルディセント・コントロールをオンにすれば、ブレーキ操作は不要で、歩くようなスピードで安全に下ってくれる。

雪混じりのような滑りやすい下り坂でも、Ｄレンジのまま走れる。オンロードの高速走行時には、トラクション・コントロールが作動しグリップ力を確保してくれる。

レンジローバーやディスカバリーほど車高が高くないので、岩を超えるようなセクションは厳しいかもしれないが、それでも十分以上にオフロード走行を楽しむことができる。

ぼくのイメージでは、フリーランダーはまず都内でごく普通の足として使う。エレベーター式のパーキングもオート洗車もＯＫである。で、休日にはちょっと遠くへ出かける。砂浜を走ったり、河原へ出てみたり、林道走行を楽しんだり、普通のクルマではちょっと無理な場所へと活動範囲が広がるだろう。

冬は、とりわけそうだ。雪道や、雪が溶けはじめたマディな下り坂なども、ヒルディセント・コントロールをオンにしてクリアする。別にハードにオフロードをやらなくても、フリーランダーの世界を楽しむことは十分にできるだろう。

多分、フリーランダーは若い世代に向けてプラニングされたクルマなのだろうと思う。だが、四十代や五十代の男が乗っても似合わないということもない。四十代の男はストーンズやブルースばかりを聴くべきで、アラニス・モリセットやトーリ・エイモスを聴いてはいけないってこともないはずだ。それと同じことである。

思うに、クルマというものは、そいつに乗り込みどこかに行く道具である以上に、ぼくら自身を変えてくれる道具なのだと思う。クルマは、ぼくらを新しい場所へ連れて行ってくれる。新しい場所、すなわち、未知の自分自身がいる場所へと導いてくれるのだ。

だからクルマ選びのポイントは、自分と少しだけイメージが違うものを選ぶことが大切だと思う。

自分に足りないものを持っているクルマに乗ることが大事だと思うのだ。

若いうちに背伸びしてスポーツカーに乗る、都市生活者なのに背伸びして本格的な4×4を選ぶ、そして背伸びして失われつつある若さを持ったクルマに乗ってみる。

それは、案外と大切なことだ。

四十代だからと言って、あるいは五十代だからと言って、一九六〇年代や一九七〇年代を懐かしんで酒を飲んでいればいいってものではない。エクササイズして、新しい世界への興味を失わず、リズム感のある毎日を送りたい。そう、リズム感というものは、クルマを運転する時にも知的な作業をする時にも、ごく普通に日常生活を送る上でも大切なものだ。

フリーランダーは、そのとても大切なリズム感を与えてくれるような気がする。

これは、コーナリングの時などに、不快なロールがほとんどないせいだろうと思う。レンジローバーやディスカバリーに較べると、インパネや室内の雰囲気はさすがに若々しい。だが、そこはランドローバーなので、日本のライトクロカンのように子供っぽいわけではない。

それから、これは見落としがちなことかもしれないが、後部シートが前よりも高い位置にあるので、後ろに乗っている人の視界も損なわれない。

バックレストは分割可倒式で、必要に応じてラゲッジルームを拡大することができる。

もうひとつの隠れた美点は、テイルゲートのウィンドシールドが電動で上下することだろう。狭い場所での荷物の出し入れに便利だし、ぼくのように煙草を吸う人間には抜群の換気効果である。

オプションパーツがいろいろと揃っているので、どれを付けるか考えてみよう。どうしても必要なのはCDチェンジャーだ。標準では、MDしか付いていないのだ。ま、6連装で6万円だから安いものだ。

バックセンサーは8万円だが……ジジイじゃないのだからこれはいらない、と。

できれば、ボディスタイリングキットが欲しい。大きく張り出したフェンダー、ボディの側面を貫くドアプロテクションは、上品なフリーランダーのイメージを一気にワイルドにしてくれる。ボディプロテクターもあるが、これはボディスタイリングキットとの同時装着は無理で、ぼくはスタイリングキットのほうがアグレッシヴでカッコいいと思う。

ウィンドディフレクターやステップは好きじゃないのでパス。

フロントのAフレームナッジバーは、迷うところである。なにしろ、こいつを装備すると顔が変わってしまうので……。

ルーフに付けるラゲッジキャリアも欲しいところだ。もっと本格的なルーフラックも用意されているが、ぼくは別にサーフィンをやるわけではないのでラゲッジキャリアで十分だろう。

……という具合に、夢は膨らむ。

フリーランダーというクルマは、その名前、4×4というコンセプト、そしてスタイリングなどのすべてが、都市生活者の日常生活を変容させる魔力を持っているのだと思う。

パーキングのスペースが狭くてもいいことや、価格が手ごろなこともあり、「ちょっと欲しいな」と思わせる要素をたくさん持っている。ぼくの周囲にも、若い女の子やぼくと同世代のカメラマン、マッキントッシュ仲間などが、「フリーランダーが欲しい」と言っている。

これだけ魅力があるクルマは、そうそうあるものではない。

オフロードの初心者に、都市生活者という種族に、フリーランダーは最高のクルマなのではないだろうか。

都内に住んでいるくせになぜ四駆なんかを、とぼくも以前は思っていた。カッコだけじゃないか、と。ぼくがカメラマンか冒険家で、道なき道へ分け入っていくのならともかく、オフなんて似合わないよな、と。

しかし、最近はそうは思わないのである。都市の機能とか経済構造とか、法律とか政治とかってものを、以前のように信頼できない自分がいる。

なにかが起こった時、自分の身は自分で守るしかない。

自分自身と自分にとって大切な人の安全を守る。それは、大切なことなのではないだろうか。

そういう感覚にリアリティがある今の時代というのは考えものだが、フリーランダーはぼくらのそんな要請にも高いレベルで応えてくれるだろう。

そんな今だからこそ、フリーランダーのようなクルマが輝いて見えるのだ。

ところで、フリーランダーはマイナー・チェンジし、二〇〇二年モデルが発売になった。こいつを借りて乗ってみた。ＥＳだ。デザイン的には大きな変更はなく、内装もインパネの色が変わった程度である。だが、オートマティックトランスミッションの変速時のショックが軽減されている。それればかりではなく、走りが非常に優雅になった。

ヨーロッパのクルマは細かなセッティングをマイナー・チェンジのたびに変更するらしいが、フリーランダーも細かな部分を手直ししたにちがいない。

新しいフリーランダーの走りは、以前とはまったくの別物である。さらにスムーズにしなやかになり、まさに小さなレンジローバーである。ほんとうに、欲しくなってしまった。

5章

本格的な
オフロード走行のための一台

ディフェンダー110

DEFENDER

LAND ROVER
DEFENDER
110

Td5

Td5

Td5

DEFENDER

DEFENDER
110

LAND ROVER
DEFENDER
110

MODE

Td5

物語はディフェンダーから始まった。

ディフェンダーこそが原点なのである。

およそ半世紀前、本格的な厳しいオフロード走行に耐えうる四輪駆動車の開発がスタートした。一九四八年のアムステルダムにおけるモーターショーで、その画期的な四輪駆動車は絶賛を浴びたのであった。これが、やがて一九九〇年の90／100インチ型がディフェンダーと命名されることになる、ランドローバーだった。

やがてディフェンダーと呼ばれることになるこのクルマは、多くの冒険家達に愛されてきた。レンジローバーも、このディフェンダーが発展することにより生まれたものだ。初代レンジローバーを知る多くの人々が「あれはほとんどディフェンダーみたいなものだった」と懐かしそうに言う。初代のレンジは、今のディフェンダーとほぼ同じシャシーを持っていたからだろう。

レンジローバーは第二世代でかなり洗練されるわけだが、当時のローバージャパンが正規輸入を始めたこともあり、日本にはレンジローバーが一気に増えることになった。芸能人や医者や弁護士などがメルセデスやBMWから乗り換えたのだろうが、豪華になったレンジローバーに違和感を覚えたコアなファンでディフェンダーへ流れた人も少なくなかったのである。

ランドローバーのラインナップのなかで、ディフェンダーだけは異色である。もちろんディフェンダーだって現代のクルマであり、オフロードでは類い希なる能力を発揮するが、スタイリングやコンセプトはクラシックカーと言ってもいいほどだ。

ミニがモデルチェンジしてしまった今、ディフェンダーはほとんど唯一のこった本物のクラシックカーと言ってもいいのではないだろうか。こういうクルマを五十年後の今も少しずつ新しくしながら生産し、ちゃんと販売するところが凄いと思う。

ディフェンダー110は昨年の東京モーターショーで発表され、先頃発売開始になったばかりである。一九九七年にはアメリカ仕様の2ドアモデルで、3・9リッターのV8エンジンを搭載した3速ATの左ハンドルクルマだったが、二〇〇二年モデルは4ドアで右ハンドル、2・7リッターのターボディーゼルを搭載した5MT車である。

九七年モデルの広報車を借りたことがあるが、頑丈なロールケージが張り巡らされ、タイヤもホイールも太かった。アメリカっぽい仕上げだったせいか、広報車がカーキ色だったせいか、軍用車みたいであった。

パワーウィンドウが付いていない左ハンドルなので、高速道路の料金所では苦労した。日本に輸入されたのはほんの数百台だったはずだが、たちまち売り切れてしまったようだ。

翌年また輸入され、これは右ハンドルでパワーウィンドウも付いていたと思うが、やはり完売。ディフェンダーには、ちゃんと固定ファンが付いているのだろう。

早朝都内を出発して、山梨県南巨摩郡早川町にある「LAND ROVER EX」へ向かう。「LAND ROVER EX」というのは、広大な自然に囲まれたアウトドアの体験スペースである。自然を愛する人達のクルマであるというランドローバーのイメージと、早川町の文字通り広大な自然が融合したのが「LAND ROVER EX」なのである。

キャンプやカヌーが可能で、ビギナー用と上級者用、ふたつのオフロードコースが設置されている。インストラクターの方が常駐されていて、ランドローバー車の配備も計画されている。ここで、今回はオフロードをやろうというわけだ。

久しぶりに運転するディフェンダーは、やはり最初は慣れない。シフトノブは昔のバスのように長く、ステアリングはトラックみたいに大きい。だがそのステアリングは、結構クイックでよく切れる。

東名自動車道はさすがに路面が荒れていて、左右に振られる。だがこれは、他の道ではまったく問題なかった。それに、こういうクルマを運転するコツみたいなものがあり、三十分もかからないうちに慣れてしまうだろう。

いつまで経っても慣れることができないのが、重いクラッチだ。そいつがつながるポイントというか幅は、そんなに広くはない。ステアリングのあそびのなさといいクラッチといい、ディフェンダーは案外スポーティなのだ。

センターコンソールに、ドカッと箱が置いてある。ほんとうに、大きな箱が無造作に置かれているという感じだ。これが、ワイルドでいい感じだ。

御殿場で東名を降り、あとは下で行くことにする。富士山の裾野、樹海の間を走る。ディフェンダーには、やはりこういう風景がよく似合う。風景のおかげで、ようやくトラック感覚を追い払うことができた。

早川町は南アルプスの麓にあるのだが、ディフェンダーならアルプス越えだって可能だろう。道など存在しない樹海でも、それなりのテクニックを持った人がステアリングを握れば難なく走破するだろう。それは、やはりもの凄いことなのだとあらためて思う。

ディフェンダーはそのためにパワフルかつレスポンシブなパワートレインと、抜群の走行性能を兼備している。心臓部のエンジンは、ディーゼル特有のサウンドを奏でている。このエンジンは、最高出力120ps、最大トルク30kgmを発生する2・5リッター5気筒Td5インタークーラー付直噴ターボ・ディーゼルだ。それが、伝統のフルタイム4×4システムと絶妙に調和しながら、低速域から高回転域まで粘り強いトルクと力強いパワーを発揮してくれる。

ディフェンダーには、濡れた路面やダートにおける急ブレーキの際に、ホイールロックを防ぎ、安定した制動を実現する4チャンネルABSが装備され、タイヤの接地面の状態が異なる場合に最もグリップしやすいタイヤに最大のトラクションを与え、駆動力をキープするETC（4輪電子制御トラクション・コントロール）を新たに採用している。

ただ、ランドローバー・パテントのHDC（ヒルディセント・コントロール）は装備されていない。これは、ディフェンダーがHDCを組み込むようなコンセプトではないからだ……と、ぼくは思う。実際、オフロードをやってみると、ディフェンダーは低回転域でのトルクが超強力なので、レンジローバーやディスカバリーでHDCを使うよりも楽なくらいだった。つまり、たとえば急勾配の下り坂など、ローに入れてブレーキを踏まなければいいのである。

ディフェンダーは、圧倒的な剛性を誇るラダーフレームにアルミ製ボディを採用している。さらにリアエンド・ドアには亜鉛メッキスチール板を新たに用いて、強度を高めながら防錆性、防水性を向上させている。

ヘビー・デューティー・サスペンションはその名のとおり、酷使しても耐え得る強度と高い耐久性を兼備し、陸はもちろん河川をも制覇するタフな走りを可能にする。

山間のワインディングロードを走り、普通のクルマでは絶対に降りられないような崖を下って本栖湖の湖畔へ出る。コーヒーを飲みながら休憩にする。

真っ黒なボディを湖面に映したディフェンダーは、蒸気機関車のようだ。いい形をしている。

ディフェンダーは今見ると完成された美しさを持っているが、それは〈ワークホース〉としての機能性を追求した結果なのだ。

ディフェンダーだってもちろん現代のクルマではある。だがこの4×4は、他の多くのクルマが失ったものをまだちゃんと持っているのだ。ディフェンダーはレンジローバーのベースになったクルマで、未来志向のレンジローバーが捨て去った味わいを今も明瞭に残しているのだと思う。

「LAND ROVER EX」は、山間にあった。谷底を川が流れ、川に沿ってキャンプ地が広がっている。前にも後ろにも、高い山が聳えている。

そして、川沿いにオフロードコースが作ってある。

基本的には岩がごろごろ転がり、その間にセクションがある。マジかよ、というような長く勾配のきつい下り坂。とても急で、しかもぬかるんでいる上り坂。

丸木超えや、水たまりや川や……実にさまざまなセクションがある。

空を見上げながら河原に寝ころんで、三十分ほど休憩。

それから、ビギナー用のオフロードコースにトライしてみることにした。先生はパリ＝ダカールのラリーストだった小川義文である。

オフロード走行に関しては偉そうなことを書けないが、私見によれば一番大切なのは慎重さであり、二番めに大切なのは勇気だと思う。

ほんと、「マジかよ!」というようなセクションがある。坂道と言うよりは、崖の上に立った感じだ。しかもマディで、途中で大きく右にカーヴしている。そういう時は一度クルマを止め、どのコースで行くかを慎重に決めなければならない。

だが結局、最初は勇気を出して前に進むしかないのである。怖がってブレーキを踏むと、それでアウトだ。クルマのパワーを信じて、そいつを絶妙にコントロールしなければならない。しかしこのオフロード走行で、ぼくはディフェンダーの底力をまざまざと見せつけられたのだった。フリーランダーじゃなくてやっぱりディフェンダーかな、と何度も考えたのであった。大きな岩がごろごろしているこういうコースでは、フリーランダーの車高ではちょっと無理である。

オフロード走行に関して、もう少し具体的に書こう。

まずセクションに入る前に、本来ならクルマを降りて確認するぐらいの慎重さが必要だ。川を渡る時には、試乗会やオフロードのコースを走っているのならともかく、自然の川の水深なんて絶対にわかりっこないのだからまず歩いて渡ってみる。それぐらいの慎重さが必要だということである。

セクションを走る場合に大切なのは、まずクルマを止めて路面を確認するってことと、それから歩くような速度で走るということが大切だ。

川に限らず、実際にクルマを降りて歩いてみる。そうするとどれだけ険しいか、どこを通っていけばいいのか、分かるのである。

オートバイのトライアルなどでもそうだが、まず歩いてセクションを確認し、それから走り出す。そういう姿勢が大切である。

コース取りも大切だ。ここしか通れないという狭い場所以外は、なるべくリスクが少ない所を走っていくべきだろう。

この頃ぼくが感じるのは、オフロードの捉え方というものが、イギリス流アウトドアスポーツと日本流だとかなり違うなということだ。そもそも、イギリス人の自然観というものがわれわれとはかなり違うのだろう。

四駆でチャレンジするオフロードというものは、日本人のイメージでは林道みたいな場所だろう。だがイギリス人のオフロードとは、道なき道なのだ。

つまりクルマが走れる場所ではない。

その代表的なのがパリ＝ダカールであったり、あるいはランドローバーが主宰しているキャメル・トロフィーであったりする。

キャメル・トロフィーは全世界のいろいろな所で行われていて、主に湿地帯が多いようだ。アマゾンのようにマディな場所である。そういう本格的なオフロードでは、ディフェンダーをもってしてもそれなりな経験とテクニックがないと走破するのは不可能だろう。

小川義文が、こう言った。

「こういう場所を走ってみると、クルマの潜在性能がいかにすごいかってことがわかるよね。でもそれをコントロールしているのはしょせん人間なんだよ。人間の判断力、状況をどう判断するかっていうことで結果は変わってくるんだよね」

まったく、その通りである。

ぼくが感じるのは、オフロード走行というのは、日常生活でクルマを運転するのとはまったく別ものだってことだ。だいたいクルマってものが、ロードを走っているのと同じクルマとは思えない。普通はあんな坂道を下ることはないし、クルマを止める為にはブレーキを踏む。

曲がる為にはハンドルを切る。

そういう常識が通用しない世界がオフロードなのだ。そもそも、坂道を下る時にブレーキを踏むなという小川義文の指示は、ぼくにとっては非常に意外だった。

ただオフロードをやっておくと、クルマの動きというものが肉体の感覚としてクリアに理解できる。すると普通の道を走っている時でも、「あ、クルマってこういうもんなのか」ということが分かる気がする。

普通の市街地でクルマを運転している時には、タイヤにどれだけ依存しているかとか、四本のタイヤがどう動いているかとか、意外に考えてない。だがオフロードで、例えば岩を越えたり丸太を越えたりする時には、四本のタイヤの動きをすべて肉体的な感覚として把握しなければならないのだ。今、どのタイヤがどういう状況になっているのかということを常に意識しなければならない。

四本のタイヤが常にそれぞれ別の動き方をしているのだということを知るだけでも、クルマと会話できたような気がする。

さらに、ブレーキもデリケートだ。

オフロード走行を通じてクルマと会話できるようになれば、一般の市街地で走る時にはセーフティなドライバーになれるだろう。いろいろなことが瞬時に判断できるようになるだろうし、さまざまな情報を感じとれるようになれるだろう。タイヤやステアリングを伝わってくるインフォメーションが飛躍的に増大し、するとそれは速く走ることにもつながるにちがいない。

丸一日オフロードをやるだけで、たとえばパリ＝ダカールやアマゾンに出かけて行く冒険家の気持ちがわかる気がする。

冒険家の条件も、基本的には慎重さであり、勇気なのではないだろうか。もちろん、その慎重さや勇気が桁違いに大きいわけだが。


上級者向けのオフロードコースは、キャンプ地からクルマで三十分ほど行った尾根にある。このコースを見に行った。自分で走るわけではなく、インストラクターの方が運転するディスカバリーの助手席に乗せてもらうことにしたのだ。

山間の細い道を登っていく。

すると不思議なことに、山の尾根近くに集落がある。

狭い畑があり、野菜が栽培されている。

昔は、尾根づたいに移動する獣道ほどの狭い道があり、重い荷物を背負って尾根沿いの道を移動したものだそうだ。そんな山の民にとって、尾根の近くに集落を作るのはごく自然なことだったのだろう。

山の幸を持って里へ下りて行き、塩やその他の食料と交換して尾根に戻って来る。そういう生活が、おそらくは明治時代までは続いていたのだろう。日本は狭いようでいて、まだまだ興味深い場所や歴史はたくさんある。

樹々の間を猿の群が移動して行くのが見える。別に餌付けしているわけではなく、完全な野猿である。クルマを止めて降りてみるのだが、動きが素早く見失ってしまう。だが周囲には猿達の尿の独特な臭いが立ちこめていた。

オフロードコースのすぐ近くにはイノシシが通った痕があり、時には鹿が道を横切ったりするということだった。

助手席で体験した上級者コースは、詳しくは書かないが、ジェットコースターのようだった。面白かった。クルマってこんなことまでできるのか、と驚いた。

やがて一日が終わり、空には星がまたたきはじめる。

泥だらけになったディフェンダーを洗車する。4×4のある毎日。悪くないな、と思う。澄んだ夜空や川の流れや、尾根の道や野生の動物達が、少しだけかもしれないが近くなる。

今日はテントで寝るか、それとも東京へ帰ろうか……?

■LAND ROVER EX
問い合わせ先
TEL：0556-20-5055
FAX：0556-20-5065
〒409-2713
山梨県南巨摩郡早川町柳島

撮影ノート

小川義文

撮影ノート

小川義文

レンジローバーとの出会い

写真家になろうと決心した七〇年代後半、僕は、サハラ砂漠を車で縦断するというテレビのドキュメント番組の取材に参加した。二台のホンダアコードと五人のクルーでだ。いま思うと、なんて無謀なことをやったのだろうと思う。

足まわりを強化し、アンダーガードを装着した程度の改造車だ。唯一頼りになるのは、取材班のリーダーで、僕の師匠でもある冒険家の横田紀一郎氏だけだった。彼は、新聞社の特派員時代にアフリカの砂漠やサバンナを何度も走破した経験の持ち主だ。彼以外のクルーは砂漠経験がなかった。この過酷な旅で、僕は写真家でもある彼から多くのことを学んだ。

僕の役割は、一台のアコードでパリから地中海を渡り、アルジェリアからサハラ砂漠を越え、ナイジェリアのラゴスまで約一万キロをドライブすることだった。仕事は他にもいろいろあった。記録用の写真を撮り、16ミリカメラのアシストをし、毎日のテントの設営、クルーの食事の支度、車のメインテナンスも僕の仕事だった。

サハラを克服し、ギニア湾の青い海を見ることを想像する余裕は、僕にはなかった。砂漠を車で走るなんて……。

当時の僕は、趣味でレースやラリーに出場していたこともあり、運転にはそれなりの自信を持っていた。しかし、師匠に言わせてみれば、そんなことは砂漠では通用しないのだ。レースで速く走ることができてもサハラの柔らかい砂のうえを走ることは、まったく別世界だと忠告された。「おまえ死ぬほど苦労するぞ」出発前にその言葉を聞かされて以来、サハラでスタックしている自分を夢にまで見るようになったのだ。

レンジローバーをはじめて知ったのは、三〇年近くも前のことだった。たしか、当時のカーグラフィックの表3に掲載されていた広告だったと思う。そのモノクロの広告には「四輪駆動のレジャー用高級ワゴン」というコピーが書かれ、何となく風変わりな広告だったと記憶している。高級欧州車を並行輸入している業者の広告だった。その広告でレンジローバーを知ることになったのだ。「ヨーロッパの金持ちが乗る高級四駆かぁ？」当時の僕にはその程度のイメージしか浮かばなかった。まさか、この車の虜になるとは考えもしなかった。

僕の好きなものに、車、カメラ、時計、ギターなどがある。いずれも欲しいと思ったものを手に入れるわけだが、そうでない場合もある。つまり、予期せぬ出会いによることで好きになったり、手に入れたりする場合があるのだ。

レンジローバーを欲しいと思ったことがなかったのに、予期せぬ出会いから、僕は、レンジローバーの魅力に引き込まれていった。その自虐的な魅力をサハラ縦断の旅で知ることになったのだ。七九年のクリスマス、僕たち取材班はパリのバンドーム広場を出発した。五日後にはアフリカの大地に上陸し、サハラ砂漠へと南下していった。それまでは順調なドライブだった。

サハラに足を踏み入れたとき、黄色い砂と真っ青な空。そしてギラつく太陽の洗礼を受けた。でも僕にとって、砂漠の印象は砂丘を美しく彩る風紋の芸術ではなかった。それは、車を走らせた後の砂ボコリと、汗のベタついた気持ち悪さであり、のどの渇き、そして、沈黙の、灼熱の世界の無気味さだった。

師匠の忠告どおりになった。サハラ砂漠に入ってから、僕のドライブする車は数キロごとにスタックしていた。スタックしたくないからアクセルを踏んでしまう。タイヤが砂を掻く、このことが悪循環して、砂漠に入って四日後にクラッチを壊してしまった。砂漠の真ん中で立ち往生してしまったのだ。

水と食料がなくなったらどうなるのか？　絶対にここから脱出しなければ、自分を励ましながら、二〇〇キロ先の村へ行くことばかりを考えていた。

僕たちが走っていた砂漠は、サハラの第2ルートといって、アルジェリアのタマンラセットからニジェールのアガデスという村までの砂漠上のルートだった。ルートといっても名ばかりのもので、比較的平坦な砂漠上のオフロードだ。

レンジローバーとの出会いは、こんな過酷なシチュエイションにあった。立ち往生している僕たちの前をたまたま通りがかったのがレンジローバーだった。

そのレンジローバーのオーナーは、初老のイタリア人医師で、娘ほど歳の離れたガールフレンドを隣に乗せていた。相手はバカンス気分、こっちは砂まみれの姿。天国と地獄を見るようだった。困りはてている僕をみて、イタリア人医師は二〇〇キロ先の村までレンジローバーで牽引してくれると言ってくれた。正直言って、いくら四駆でもサハラ砂漠の柔らかい砂のうえを牽引できるはずがないと思った。しかし、神にも縋る思いだ。僕はアコードの運転席で必死になってステアリングを握り、レンジローバーのテールだけを見ながら引っ張られていった。

本で読んだ知識でレンジローバーの潜在性能は知っていたが、図らずもレンジローバーの真価をまざまざと見せつけられたのだ。レンジローバーは、一度もスタックせずに二〇〇キロ先の村まで僕を牽引した。もちろん、イタリア人医師のドライビングテクニックもさすがだった。

仕事だから仕方ないと、自分を励ましながら、サハラ砂漠から離れて過ごす毎日だった。だから、率直に言えば、サハラは嫌いな土地だった。

パリをスタートして、サハラ砂漠を越え、ナイジェリアのラゴスまでの過酷な取材旅行には、二ケ月間の時間が必要だった。そのうち砂漠のテント生活は三週間程度だった。

砂漠なんて大嫌いだと思っていたが、沈黙の世界に長い時間いることで、僕自身の心にわずかな変化が生じたのだ。サハラと僕の心とのあいだに、少しずつ共鳴する部分が生まれてきたのだった。

それはサハラが変わったわけではない、僕自身の変化といってもよかった。

古来から、砂漠の民は、サハラを尊び、サハラと共に生きてきた。過酷な自然が、人間を極限状態に追いつめてきた。そして同時に、その中で生きる術を彼らに与えてきたのだった。

毎日、サハラの砂にまみれていくうちに、僕もサハラの民のそんな生き方が理解できるようになっていったのだ。

そして、レンジローバーにもはじめて興味が湧いたのだ。

旅の途中で、僕はパリ・ダカールの名で知られるラリーのワンシーンに遭遇することになる。ちょうど同時期にラリーが行われていたのであった。

「砂漠に負けた」、今度は、車で砂漠を克服してみたいという願望が、パリ・ダカールラリーの存在を知ることで強くなる。ついには翌年自ら参加することになったのだ。そこにレンジローバーとの二度目の出会いが生まれることになった。

当時、ホンダと二輪部門の王座を争っていたＢＭＷのサポートカーがレンジローバーだった。砂漠のラリー用にチューンナップされたそのレンジローバーは、サポートカーでありながら、僕の駆るノーマルクラスのランクルをいとも簡単にパスしていった。僕の脳裏に強烈な印象を残した。レンジローバーの類い稀なオフローダーとしての能力に打ちのめされたのだ。その時から、いつかはレンジローバーに乗ってみたいと思っていたのである。

長年出場し続けたパリ・ダカールラリーは十年前に引退した。レンジローバーはその時に買った。もうサハラを走ることはないだろうと思った。写真を撮りに出かけることはあるかもしれないが。

なぜ、レンジローバーに乗り続けているのかを考えてみた。

サハラの過酷な暑さのなかに流れる時間、それが無性になつかしく思えることがある。

いくら過酷なものでも、自然が自然のままであるように、そこに生きていれば、人間も本来の人間に戻れるのではないかと思うのだ。

たくさんの人間がひしめきあい、時が猛烈な勢いで流れる東京。様々な情報が、はいては捨てるように生まれる東京。大都市東京で生きることが、過酷なサハラで生きるよりも、恐ろしいと思うことがある。

「砂漠の民は自然とともに生きる」サハラ砂漠の大自然に教わった第一のことだ。

僕のレンジローバーは、日常の足として走り続けている。もちろん、撮影に出かける時も一緒だ。撮影機材を満載して現場に向かう。じつは、シャッターを押す瞬間よりも緊張している。現場へ到着するまでに撮影のイメージを決定しなければならないからだ。

レンジローバーの車室内にいるだけで、日常の生活から完全に隔絶された時間を過ごすことができる。僕が車を撮影する時、ファインダーを覗きながら車の持つイメージを考えることはありえない。ほとんどの撮影イメージは、レンジローバーの車室内で決定されるからだ。

東京でハンドルを握っているだけでサハラ砂漠の心象風景をウィンドウスクリーンに再現できるような気持ちになれる。レンジローバーは、僕の心象風景そのものなのだ。

レンジローバーとの生活は、まだまだ続きそうだ。

プロフィール　◎山川健一
rock@yamaken.com
作家。1953年生まれ。1977年、「鏡の中のガラスの船」で『群像』新人賞優秀作受賞。著書は100冊を超える。代表作に『水晶の夜』(メディアパル)、『ニュースキャスター』(幻冬舎)など。近刊は『ジーンリッチの復讐』(メディアファクトリー)。自動車を巡る本に『僕らに魔法をかけにやってきた自動車』(講談社)、『快楽のアルファロメオ』(中央公論文庫)などがある。小川義文との共著に『ブリティッシュ・ロックへの旅』(東京書籍)、『ジャガーに逢った日』(二玄社)。

◎小川義文
ogawa@moon.email.ne.jp
自動車写真の第一人者として活躍。日本雑誌広告賞など多数受賞。写真集に『TOKYO DAYS』(みずうみ書房)『松任谷由実 SOUTH OF BORDER』(CBSソニー出版)『Auto Vision』(セイコーエプソン)他、山川健一との共著『ブリティッシュ・ロックへの旅』(東京書籍)、『ジャガーに逢った日』(二玄社)がある。

撮影・佐藤俊幸

レンジローバーの大地《だいち》

2002年7月10日初版第一刷発行

著　者　山川健一(やまかわけんいち)=文
小川義文(おがわよしふみ)=写真
発行者　渡邉隆男
発行所　株式会社二玄社
東京都千代田区神田神保町2-2　〒101-8419
営業部　東京都文京区本駒込6-2-1　〒113-0021
http://www.webcg.net/
電　話　03-5359-0511
印刷・製本　図書印刷
ISBN4-544-04079-5